运筹学教程

顾　问　李建波　杨　云
主　编　龚志柱
副主编　崔达开　李晓琴　李　晶

北京理工大学出版社
BEIJING INSTITUTE OF TECHNOLOGY PRESS

内容简介

本书围绕应用型本科学生的人才培养目标，注重课程思想层面元素的导入，结合应用型本科院校经济管理类、建筑工程类、理工类各专业实际，在《简明运筹学》（上海财经大学出版社2017年第一版）的基础上，参考现有普遍的教材进行编写。本书内容主要有线性规划与单纯形法、线性规划的对偶理论、运输问题、整数规划、对策论基础、图与网络分析、决策分析介绍等。这些内容是高等院校经济管理类本科生应具备的必要知识，本书注重阐述基本思想、有关理论和应用方法，每个章节附有课后思考题和针对知识点的练习题，力求做到深入浅出，通俗易懂，适合应用型本科教学和自学。本书注重理论结合实际，在内容方面具有一定的深度和广度。

本书可作为高等院校文科、应用型本科院校相关各专业的教材。对希望了解、认识及应用运筹学的各类人员有一定的参考价值。

图书在版编目（CIP）数据

运筹学教程 / 龚志柱主编. --北京：北京理工大学出版社，2025.1.

ISBN 978-7-5763-4746-3

Ⅰ. O22

中国国家版本馆 CIP 数据核字第 20255DS053 号

责任编辑：王晓莉　　**文案编辑**：王晓莉
责任校对：刘亚男　　**责任印制**：李志强

出版发行 / 北京理工大学出版社有限责任公司
社　　址 / 北京市丰台区四合庄路 6 号
邮　　编 / 100070
电　　话 / （010）68914026（教材售后服务热线）
（010）63726648（课件资源服务热线）
网　　址 / http://www.bitpress.com.cn

版 印 次 / 2025 年 1 月第 1 版第 1 次印刷
印　　刷 / 河北盛世彩捷印刷有限公司
开　　本 / 787 mm×1092 mm　1/16
印　　张 / 10.5
字　　数 / 244 千字
定　　价 / 69.00 元

本教材依托项目：

2025年云南省教育厅科学研究基金项目“大思政视域下本科‘运筹学’课程思政实践研究”(2025J1174)

昆明理工大学津桥学院2023年度校级一流本科课程项目(昆工津桥(2023)101号)(课程名称：运筹学)

前　言

运筹学对自然科学、社会科学、工程技术、生产实践、经济建设及现代化管理都具有重要意义。随着科学技术的不断进步和社会经济的不断发展，运筹学得到了迅速发展，并在生产管理、工程技术、军事作战、科学试验、财政经济以及社会科学中得到了极为广泛的应用。

高等院校特别是应用型本科院校经济管理类、理工类、建筑工程类等专业的运筹学是近几十年来发展起来的一门新兴学科，目的是为管理人员在做决策时提供科学的依据。它是实现管理现代化的有力工具。应用运筹学解决问题时，有两个重要的特点：一是从全局的观点出发；二是通过建立模型，如数学模型或模拟模型，对要求解决的问题给予最合理的解答。

目前国内流行的多数运筹学的教科书，偏重于数学方法的论证，而对于解决实际问题时所需要的模型创建与解题技巧不够重视。编者一方面对十几年运筹学教学经验的积累和从教过程中学生普遍存在的问题认真进行了总结，另一方面结合当前应用型本科学生学习的需求，注重课程思想层面元素的导入，突出了运筹学在经济管理中的应用性和实用价值。

本书在编写的过程中得到了许多教师、学生和其他读者的鼓励与大力支持，他们对本书的内容提出了很多宝贵的意见和建议。针对这些意见和建议，我们认真地进行了分析和改进。本次编写要特别感谢两位顾问：李建波老师和杨云老师，他们在百忙之中对我们进行了认真指导。同时也要向给予我们大力支持和帮助的各位朋友、同事以及参考文献的作者一并表示衷心的感谢。

本书的编写出版，得到了2025年云南省教育厅科学研究基金项目“大思政视域下本科‘运筹学’课程思政实践研究”(2025J1174)，昆明理工大学津桥学院2023年度校级一流本科课程项目“运筹学”的支持，特表感谢。

本书配有教学相关的电子课件和编者在昆明理工大学津桥学院授课(32学时)的教学大纲、教学教案、教学进程表等相关资料。教师读者可以在此基础上进行调整和修改。限于编者水平，书中难免有不当之处，敬请广大读者批评指正。

编　者

目录

第1章　绪　论

知识目标

了解运筹学的发展历史；
了解中国古代运筹学的思想应用实例；
了解运筹学在中国发展的过程；
掌握运筹学的基本定义；
了解运筹学的工作步骤和建模思路。

能力目标

知识获取能力：自主学习、独立思考、反复演练算法。
知识应用能力：能够应用所学知识解决现实问题。
创新能力：能够应用所学知识设计研究其他的优化问题。

本章内容要点

本章主要介绍运筹学简史，运筹学定义、性质、特点、应用及其发展前景。

核心概念

运筹学、运筹学的定义、运筹学研究问题的工作步骤、建模思路。

第1节　运筹学发展简史

运筹学是一门基础性的应用学科，主要研究系统最优化的问题，通过对建立的数学模型求解，为决策者进行决策时提供科学依据。

运筹学的英文通用名称为 Operations Research(OR)，按照原意译为运作研究或作战研究。在汉朝时期，汉高祖刘邦就用了“运筹帷幄之中，决胜千里之外”的话来称赞张良，人们取其义把 Operations Research 译为运筹学。我国历史上在军事和科学技术方面对运筹学思想的应用是闻名世界的：春秋时期著名的《孙子兵法》中处处体现了军事运筹的思想；战国时期“田忌齐王赛马”的故事是对策论的典型范例；刘邦和项羽在楚汉相争过程中依靠张良等谋士的计谋上演了一幕又一幕体现运筹思想的作战案例。大家比较熟悉的三国时期的战争中，更可以举出许多运用运筹思想取得战争胜利的例子。除了军事方面，在我国古代农业、运输、工程技术等方面也有大量体现运筹思想的例子，例如，北魏时期农学家贾思勰的《齐民要术》一书就是一部体现运筹思想、合理策划农事的宝贵文献。古代粮食和物资的调运、都市的规划及建设处处有运筹思想的影子，在水利方面，如四川的都江堰工程等，也体现了运筹思想。

运筹学作为科学名称出现在 20 世纪 30 年代末。当时，雷达作为英、美对付德国的空袭防空系统的一部分，从技术上是可行的，但实际运用时却效果不佳。为此，一些科学家对如何合理运用雷达开始进行一类新问题的研究。因为它与研究技术问题不同，所以就称为“运用研究”(operational research)(我国在 1956 年曾用过运用学这个名词，到 1957 年正式定名为运筹学)。为了进行运筹学研究，英、美军队中成立了一些专门小组，开展了护航舰队保护商船队的编队问题和当船队遭受德国潜艇攻击时如何使船队损失最少的问题研究。在研究了反潜深水炸弹的合理爆炸深度后，英、美军队使德国潜艇被摧毁数增加了 400%；在研究了船只遭受敌机攻击后的情况后，他们提出了大船应急转向和小船应缓慢转向的逃避方法。研究结果显示，船只在遭受敌机攻击时，“中弹的船只数量占所有船只总数的比例由 47%降到 29%”。当时研究和解决的问题都是短期的和战术性的。第二次世界大战后，在英、美军队中相继成立了更为正式的运筹研究组织。以兰德公司(RAND)为首的一些部门开始着重研究战略性问题、未来的武器系统的设计和其可能合理运用的方法。例如，为美国空军评价各种轰炸机系统，他们讨论了未来的武器系统和未来战争的战略；还研究了苏联的军事能力及未来的情况，分析苏联政治局计划的行动原则并对苏联将来的行动进行预测。到 20 世纪 50 年代，由于开发了各种洲际导弹，对到底发展哪种导弹，运筹学界也参与了争论。到 20 世纪 60 年代，运筹学界还参与了战略力量的构成和数量问题研究，除在军事方面的应用研究外，相继在工业、农业、经济和社会问题等各领域都有应用。与此同时，运筹数学有了飞快的发展，并形成了运筹学的许多分支，如数学规划(线性规划、非线性规划、整数规划、目标规划、动态规划、随机规划等)、图论与网络、排队论(随机服务系统理论)、存储论、对策论、决策论、维修更新理论、搜索论、可靠性和质量管理等。运筹学早期工作的历史可追溯到 1914 年，军事运筹学中的兰彻斯特(Lanchester)战斗方程是在 1914 年提出的；1917 年，排队论的先驱者丹麦工程师爱尔朗(Erlang)在哥本哈根电话公司研究电话通信系统时，提出了排队论的一些著名公式；存储论的最优批量公式是在 20 世纪 20 年代初提出的；在商业方面，列温逊在 20 世纪 30 年代已用运筹思想分析商业广告、顾客心理；线性规划是由丹捷格(G. B. Dantzig)在 1947 年发表的成果，所解决的问题是美国制定空军军事规划时提出的，并提出了求解线性规划问题的单纯形法；而早在 1939 年苏联学者康托洛维奇(Л. В. Канторович)在解决工业生产组织和计划问题时，已提出了类似线性规划的模型，并给出了“解乘数法”的求解方法。由于当时未被领导重视，直到 1960 年康托洛维奇再次发表了《最佳资源利用的经济计算》一书后，才受到国内外的一致重视。为此康托洛维奇获得了诺贝尔经济学奖。值得一提的是，丹捷格认为线性规划模型的提出是受到了列昂节夫投入产出模型(1932 年)的影响，关于线性规划的理论是得受到了冯·诺依曼(Von Neumann)的帮助。冯·诺依曼和摩根斯特思(O. Morgenstern)合著的《对策论与经济行为》(1944 年)是对策论的奠基作，同时该书已隐约地指出了对策论与线性规划对偶理论的紧密联系。线性规划提出后很快受到经济学家的重视，如在第二次世界大战中从事运输模型研究的美国经济学家库普曼斯(T. C. Koopmans)，他很快看到了线性规划在经济中应用的意义，并呼吁年轻的经济学家要关注线性规划。其中阿罗、萨谬尔逊、西蒙和胡尔威茨等都获得了诺贝尔经济学奖，并在运筹学的某些领域中发挥过重要作用。回顾一下最早投入运筹学领域工作的诺贝尔物理学奖获得者、英国物理学家布莱克特(P. M. S. Blackett)领导的第一个以运筹学命名的小组是有意义的。由于该小组的成员复杂，人们便戏称它为“布莱克特马戏团”，其实是一个由各方面专家组成的交叉学科小组。从以上简史可见，为运筹学的建立和发展作出贡献的有物理学家、经济学家、数学家、其他专业的学者、军官和各行各业的实际工作者。

最早建立运筹学会的国家是英国(1948 年)，接着是美国(1952 年)、法国(1956 年)、日本和印度(1957 年)等。截止到 2005 年，国际上已有 48 个国家和地区建立了运筹学会或类似的组织。我国的运筹学会成立于 1980 年。1959 年，英、美、法三国的运筹学会发起成立了国际运筹学联合会(IFORS)，之后各国的运筹学会纷纷加入，我国于 1982 年加入该会。此外还有一些地区性组织，如欧洲运筹学协会(EURO)成立于 1975 年，亚太运筹学协会(APORS)成立于 1985 年。

在 20 世纪 50 年代中期，钱学森、许国志等教授将运筹学由西方引入我国，并结合我国的特点在国内推广应用。在经济数学方面，投入产出表的研究和应用开展得较早；质量控制(后改为质量管理)的应用也很有特色。在此期间，以华罗庚教授为首的一大批数学家加入运筹学的研究队伍，使运筹数学的很多分支很快达到了当时的国际水平。

第 2 节　运筹学的定义和工作步骤

一、运筹学的定义、性质与特点

运筹学是一门应用科学，至今还没有统一且确切的定义。这里提出以下几个定义来说明运筹学的性质和特点。莫斯(P. M. Morse)和金博尔(G. E. Kimball)曾定义运筹学是为决策机构在对其控制下的业务活动进行决策时，提供以数量化为基础的科学方法。它首先强调的是科学方法，这个含义不单是某种研究方法的分散和偶然的应用，而是可用于整个一类问题上，并能传授和有组织地活动。它强调以量化为基础，必然要用到数学。但任何决策都包含定量和定性两方面，而定性方面又不能简单地用数学表示，如政治、社会等因素，只有综合多种因素的决策才是全面的。运筹学工作者的职责是为决策者提供可以量化方面的分析，指出那些定性的因素。另一定义是，运筹学是一门应用科学，它广泛应用现有的科学技术知识和数学方法，解决实际中提出的专门问题，为决策者选择最优决策提供定量依据。这个定义表明运筹学具有多学科交叉的特点，如综合运用经济学、心理学、物理学、化学中的一些方法。运筹学强调最优决策，“最”是过分理想了，在实际生活中往往用次优、满意等概念代替最优。因此，运筹学的又一定义是，运筹学是一种给出问题坏的答案的艺术，否则的话问题的结果会更坏。

为了有效地应用运筹学，前英国运筹学学会会长托姆林森提出 6 条原则。

(1)合伙原则。是指运筹学工作者要和各方面的人，尤其是实际部门工作者合作。

(2)催化原则。在多学科共同解决某问题时，要引导人们改变一些常规的看法。

(3)互相渗透原则。要求多部门彼此渗透地考虑问题，而不是只局限于本部门。

(4)独立原则。在研究问题时，不应受某人或某部门的特殊政策所左右，应独立从事工作。

(5)宽容原则。解决问题的思路要宽、方法要多，而不是局限于某种特定的方法。

(6)平衡原则。要考虑各种矛盾的平衡、关系的平衡。

二、运筹学的工作步骤

运筹学在解决大量实际问题过程中形成了自己的工作步骤。

(1)提出和形成问题，即要弄清问题的目标、可能的约束、可控变量以及有关参数，搜集有关资料。

(2)建立模型。即把问题中可控变量、参数和目标与约束之间的关系用一定的模型表示出来。

(3)求解。用各种手段(主要是数学方法，也可用其他方法)将模型求解。解可以是最优解、次优解、满意解。复杂模型的求解需要使用计算机，解的精度要求可由决策者提出。

(4)解的检验。首先检查求解步骤和程序有无错误，然后检查解是否反映现实问题。

(5)解的控制。通过控制解的变化过程决定对解是否要做一定的改变。

(6)解的实施。是指将解用到实际中必须考虑到实施的问题，如向实际部门讲清解的用法、在实施中可能产生的问题和修改。

以上步骤应反复进行。

三、运筹学的模型

运筹学在解决问题时，按研究对象的不同构造各种不同的模型。模型是研究者对客观现实经过思维抽象后用文字、图表、符号、关系式以及实体模样描述所认识到的客观对象。模型的有关参数和关系式较容易改变，这样有助于问题的分析和研究。利用模型可以进行一定的预测和灵敏度分析等。

模型有三种基本形式：①形象模型；②模拟模型；③符号或数学模型。目前用得最多的是符号或数学模型。构造模型是一种创造性劳动，成功的模型往往是科学和艺术的结晶，构模的方法和思路有以下 5 种。

(1)直接分析法。按研究者对问题内在机理的认识直接构造出模型。运筹学中已有不少现存的模型，如线性规划模型、投入产出模型、排队模型、存储模型、决策和对策模型等。这些模型都有很好的求解方法及求解软件，但用这些现存的模型研究问题时，要注意不能生搬硬套。

(2)类比法。有些问题可以用不同方法构造出模型，而这些模型的结构性质是类同的，这就可以互相类比。如物理学中的机械系统、气体动力学系统、水力学系统、热力学系统及电路系统之间就有不少彼此类同的现象。甚至有些经济系统、社会系统也可以用物理系统来类比。在分析一些经济、社会问题时，不同国家之间有时也可以找出某些能够类比的现象。

(3)数据分析法。对有些问题的机理尚未了解清楚，若能搜集到与此问题密切相关的大量数据，或通过某些试验获得大量数据，就可以用数据分析法建模。

(4)试验分析法。当有些问题的机理不清，又不能做大量试验来获得数据时，只能通过局部试验的数据加上分析来构造模型。

(5)想定(构想)法(scenario)。当有些问题的机理不清，又缺少数据，且不能做试验来获得数据时，如一些社会、经济、军事问题，人们只能在已有的知识、经验和某些研究的基础上，对将来可能发生的情况给出逻辑上合理的设想和描述，然后用已有的方法构造模型，并不断修正完善，直至比较满意为止。

模型的一般数学形式可用下列表达式描述。

目标的评价准则　　$U=f(x, y, \xi)$

约束条件　　$g(x, y, \xi)\geqslant 0$

式中，x 为可控变量；y 为已知参数；ξ 为随机因素。

目标的评价准则一般要求达到最佳(最大或最小)、适中、满意等。准则可以是单一的，也可以是多个的。约束条件可以没有，也可有多个。当 g 是等式时，即为平衡条件。当模型中无随机因素时，称为确定性模型，否则为随机模型。随机模型的评价准则可用期望值，也可用方差，还可以用某种概率分布来表示。当可控变量只取离散值时，称为离散模型，否则称为连续模型。也可以按使用的数学工具将模型分为代数方程模型、微分方程模型、概率统计模型、逻辑模型等。若用求解方法来命名，有直接最优化模型、数字模拟模型、启发式模型。也有按用途来命名的，如分配模型、运输模型、更新模型、排队模型、存储模型等。还可以用研究对象来命名，如能源模型、教育模型、军事对策模型、宏观经济模型等。

第3节　运筹学历史经典案例和典型问题

一、运筹学历史经典案例

1. 鲍德西雷达站的研究

20世纪30年代，德国内部民族沙文主义及纳粹主义日渐抬头。以希特勒为首的纳粹势力夺取了政权，开始为“以战争扩充版图、以武力称霸世界”的构想做战争准备。欧洲上空战云密布。英国海军大臣丘吉尔反对主政者的“绥靖”政策，认为英德之战不可避免，而且已日益临近。他在自己的权力范围内做着迎战德国的准备，其中最重要、最有成效的措施之一是英国本土防空准备。1935年，英国科学家沃森-瓦特(R. Watson-Wart)发明了雷达。丘吉尔敏锐地认识到它的重要意义，下令在英国东海岸的鲍德西(Bawdsey)建立了一个秘密的雷达站。当时，德国已拥有一支强大的空军，起飞后17 min即可到达英国。在如此短的时间内，如何预警并做好拦截，甚至在本土之外或海上拦截德机，就成为一大难题。雷达技术帮助了英国，即使在当时的演习中已经可以探测到 160 km 之外的飞机，但空防中仍有许多漏洞。1939 年，由曼彻斯特大学物理学家、英国战斗机司令部科学顾问、战后获诺贝尔奖奖金的布莱克特为首，组织了一个小组，代号为"布莱克特马戏团"，专门就改进空防系统进行研究。

这个小组研究的问题是设计将雷达信息传送给指挥系统及武器系统的最佳方式；雷达与防空武器的最佳配置。他们对探测、信息传递、作战指挥、战斗机与防空火力的协调，做了系统的研究，并获得了成功，从而大大提高了英国本土防空能力，在以后不久的对抗德国对英伦三岛的狂轰滥炸中，发挥了极大的作用。"二战"史专家评论说，如果没有这项技术的研究，英国就不可能赢得这场战争，甚至在一开始就被击败。

"布莱克特马戏团"是世界上第一个运筹学小组。在他们就此项研究所写的秘密报告中，使用了 Operational Research 一词，意指"作战研究"或"运用研究"，即为运筹学。鲍德西雷达站的研究是运筹学的发祥与典范，其巨大实际价值、明确的目标、整体化的思想、数量化的分析、多学科的协同、最优化的结果，以及简明朴素的表述，都展示了运筹学的本质与特色，使人难以忘怀。

2. 布莱克特备忘录

1941 年 12 月，布莱克特以其巨大的声望，应盟国政府的要求，写了一份题为《作战位置上的科学家》(*Scientists at the Operational Level*)的简短备忘录。备忘录中提到，建议在各大指挥部建立运筹学小组，这个建议迅速被采纳。据不完全统计，第二次世界大战期间，仅在英国、美国和加拿大，参加运筹学工作的科学家就超过 700 名。

1943 年 5 月，布莱克特写了第二份备忘录，题为《关于运筹学方法论某些方面的说明》。他写道："运筹学的一个明显特性，正如目前所实践的那样，是它具有或应该有强烈的实际性质。它的目的是帮助我们找出一些方法，以提高正在进行的或计划在未来进行的作战的效率。为了达到这一目的，要研究过去的作战来明确事实，要得出一些理论来解释事实，最后，利用这些事实和理论对未来的作战作出预测。"这些运筹学的早期思想至今仍然有效。

3. 大西洋反潜战

美国投入第二次世界大战后，吸收了大量科学家协助作战指挥。1942 年，美国大西洋舰队反潜战官员贝克(W. D. Baker)舰长请求成立反潜战运筹组，麻省理工学院的物理学家莫尔斯(P. W. Morse)被请来担任计划与监督。

莫尔斯最出色的工作之一，是协助英国打破了德国对英吉利海峡的海上封锁。1941—1942 年，德国潜艇严密封锁了英吉利海峡，企图切断英国的"生命线"。海军数次反封锁，均不成功。应英国的要求，美国派莫尔斯率领一个小组去协助。莫尔斯小组经过多方实地调查，最后提出了两条重要建议。

(1)将反潜攻击由反潜舰艇投掷水雷，改为飞机投掷深水炸弹。起爆深度由 100 m 左右，改为 25 m 左右，即当德方潜艇刚下潜时攻击效果最佳。

(2)运送物资的船队及护航舰艇编队，由小规模多批次，改为加大规模，减少批次，这样，损失率将减少。

丘吉尔采纳了莫尔斯的建议，最终成功地打破了德国的封锁，并重创了德国潜艇舰队。由于这项工作，莫尔斯同时获得了英国及美国战时的最高勋章。

4. 英国战斗机中队援法决策

第二次世界大战开始后不久，德国军队突破了法国的马其诺防线，法军节节败退。英国为了对抗德国，派遣了十几个战斗机中队，在法国国土上空与德国空军作战，且战队的指挥、维护均在法国进行。由于战斗损失，法国总理要求增援10个中队。已出任英国首相的丘吉尔决定同意这个请求。

英国运筹人员得悉此事后，进行了一项快速研究，其结果表明：在当时的环境下，当损失率、补充率为现行水平时，仅再进行两周左右，英国的援法战斗机就连一架也不存在了。这些运筹学家以简明的图表、明确的分析结果说服了丘吉尔。丘吉尔最终决定：不仅不再增换新的战斗机中队，而且还将在法国的英国战机大部分撤回英国本土，以本土为基地，继续对抗德国。局面因此有了大的改观。

在第二次世界大战中，定量化、系统化的方法迅速发展，且很有特点。由上面几个例子可以看出这一时期军事运筹的特点：①真实的实际数据；②多学科密切协作；③解决方法渗透着物理学思想。

5. 经济与管理中的几项成果

(1)爱尔朗与排队论。

19世纪后半期，电话问世并随即建立为用户服务的电话通信网。

在电话通信网服务中，基本问题之一是根据业务量适当配置电话设备，即既不能使用户因容量小而过长等待，又不能使电话公司因设备投入过多而造成过多空闲。这是一个需定量分析才有可能解决的问题。

1909—1920年，丹麦哥本哈根电话公司工程师爱尔朗(A. K. Erlong)陆续发表了关于电话通路数量等方面的分析与计算公式。尤其是1909年的论文《概率与电话通话理论》，开创了排队论——随机运筹学的一个重要分支。他的工作虽属排队论最早期成果的范畴，但其方法论正确且得当地引用了概率论的数学工具作定量描述与分析，并且具有系统论的思想，即从整体性来寻求系统的优化。

据不完整的综述，截止到1960年，在应用研究排队论的486篇报告中，电信系统有222篇，运输系统有125篇。在其他领域中则初步显示了一个潜在应用领域——计算机系统。

(2)冯·诺伊曼与对策论。

20世纪20年代，冯·诺伊曼开始了对经济的研究，做了许多开创性工作。大约在1939年，他提出了一个属于宏观经济优化的控制论模型，成为数量经济学的一个经典模型。

冯·诺伊曼是近代对策论研究的创始人之一。1944年，他与摩根斯特恩(Morgenstern)的合著——《博弈论与经济行为》一书出版。书中将经济活动中的冲突作为一种可以量化的问题来处理。在经济活动中，冲突、协调与平衡分析问题比比皆是。冯·诺伊曼分析了这类问题的特征，解决了一些基本问题，如“二人零和对策”中的最大最小方法等。第二次世界大战期间，对策论的思想与方法受到军方重视，并开始了用对策论对战略概念进行分析的研究，在军事运筹领域占有重要位置。

还应指出：尽管冯·诺伊曼不幸过早去世(1957年)，但他对运筹学的贡献还有很多。他领导研制的电子计算机成为运筹学的技术实现支柱之一。他慧眼识人才，对丹齐格

(Dantzig)从事的以单纯形法为核心的线性规划研究，最早给予肯定与扶持，使运筹学中这个最重要的分支在第二次世界大战后不久即脱颖而出。丹齐格当时的年龄还不到30岁。

(3)康托洛维奇(KantoroVich)与"生产组织与计划中的数学方法"。

康托洛维奇是苏联著名的数理经济专家。20世纪30年代，他从事了生产组织与管理中的定量化方法研究，取得了很多重要成果，如运输调度优化、合理下料研究等。运筹学中著名的运输问题的求解方法就是以他来命名的(康托洛维奇-希奇柯克算法)。1939年，他出版了名著《生产组织和计划中的数学方法》，堪称运筹学的先驱著作。其思想与模型均可归入线性规划的范畴，尽管当时还未能建立方法论与理论体系，但仍具很大的开创性，因为它比丹齐格(Dantzig)建立的线性规划几乎早了10年。

康托洛维奇的这些工作在当时的苏联被忽视了，但在国际上却获得了很高的评价。1975年，他与T. C. 库普曼斯(T. C. Koopmans)一起获得了诺贝尔经济学奖。

(4)运筹学分支的重大理论成果。

由运筹学作为一门学科开始到20世纪60年代，在近30年的发展中，出现了多方面的理论成果，其中相当一部分属于理论奠基或重大突破，现将这些事件列出如下。

1947年，丹齐格提出的单纯形法。

1950—1956年，创立线性规划的对偶理论。

1960年，丹齐格建立大规模线性规划的分解算法。

1951年，库思—塔克(Kuhn-Tucker)定理奠定了非线性规划的理论基础。

1954年，网络流理论建立。

1955年，创立随机规划。

1958年，创立整数规划，求解整数规划的割平面法问世。

1958年，求解动态规划的贝尔曼(Bellman)原理发表。

虽然这个罗列很不完整，但足以看出20世纪50年代是运筹学理论体系创立与形成的重要10年，这令运筹学工作者感到欢欣鼓舞。

二、运筹学典型问题

1. 最短路径问题

(1)动态规划基本介绍。

引入最短路径问题：现有一张地图，各节点代表城市，两节点间连线代表道路，线上数字表示城市间的距离。如图1-1所示，试找出从节点A到节点E的最短距离。

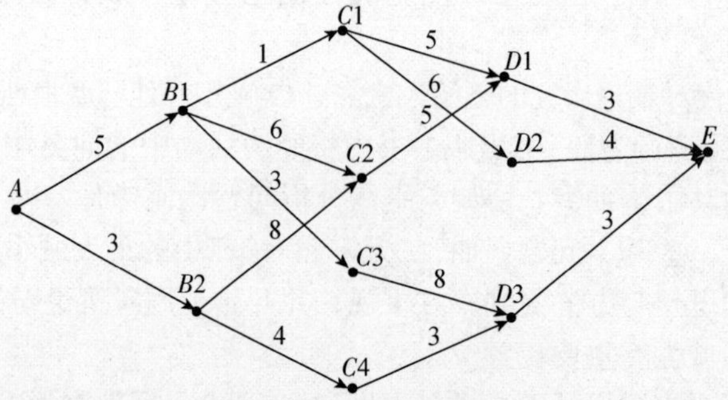

图1-1　城市道路图

解决这个问题最常用的就是穷举法，类似于遍历法或搜索法。其主要特点是以起始点为中心向外层层扩展，直到扩展到终点为止。这种方法能得出最短路径的最优解，但由于它遍历计算的节点很多，所以效率低。通过这种方法可以看到，每次除了已经访问过的城市外，其他城市都要访问，所以时间复杂度为 $O(n!)$，这是一个“指数级”的算法。在求从 $B1$ 到 E 的最短距离的时候，先求出从 $C2$ 到 E 的最短距离；而在求从 $B2$ 到 E 的最短距离的时候，又求了一遍从 $C2$ 到 E 的最短距离。也就是说，从 $C2$ 到 E 的最短距离求了两遍。如果在求解的过程中，同时将求得的最短距离“记录在案”，随时调用，就可以避免这种情况。

于是，可以改进该算法。将每次求出的，从任意一点 V 到 E 的最短距离记录下来，在算法中递归地求 MinDistance(V)时先检查以前是否已经求过了，如果求过了则不用重新求一遍，只要查找以前的记录就可以了。这样，由于所有的点有 n 个，因此不同的状态数目有 n 个，该算法的复杂度为 $O(n)$。更进一步，可以将这种递归改为递推，这样可以减少递归调用的开销。

动态规划介绍：动态规划(dynamic programming)是运筹学的一个分支，是求解决策过程最优化的数学方法。20 世纪 50 年代初美国数学家贝尔曼等人在研究多阶段决策过程的优化问题时，提出了著名的最优化原理，即把多阶段过程转化为一系列单阶段问题，逐个求解，创立了解决这类过程优化问题的新方法——动态规划。

(2)动态规划模型的基本要素。

1)阶段(step)：阶段是对整个过程的自然划分。通常根据时间顺序或空间特征来划分阶段，以便按阶段的次序解优化问题。

2)状态(state)：状态表示每个阶段开始时过程所处的自然状况。它应该能够描述过程的特征并且具有无后向性。

3)决策(decision)：当一个阶段的状态确定后，可以做出各种选择，从而演变到下一阶段的某个状态，这种选择手段称为决策，在最优控制问题中又称控制(control)。

4)策略(policy)：决策组成的序列称为策略。比如，由初始状态 x_1 开始的全过程的策略记作 $p_{1n}(x_1)$，即 $p_{1n}(x_1)=\{u_1(x_1),\ u_2(x_2),\ \cdots,\ u_n(x_n)\}$。

5)状态转移方程：在确定性过程中，一旦某阶段的状态和决策为已知，下阶段的状态便完全确定。用状态转移方程表示这种演变规律，写作 $X_{k+1}=T_k(X_k,\ U_k(X_k))$，其中 $k=0,\ 1,\ 2,\ \cdots,\ n$。

6)指标函数和最优值函数：指标函数是衡量过程优劣的数量指标，它是关于策略的数量函数，从阶段 k 到阶段 n 的指标函数用 $V_{kn}(x_k,\ p_{kn}(x_k))$表示，$k=1,\ 2,\ \cdots,\ n$。

7)最优策略和最优轨线：使指标函数 V_{kn} 达到最优值的策略是从 k 开始的后部子过程的最优策略，记作 $p_{kn}^*=(u_k^*,\ u_{k+1}^*,\ \cdots,\ u_n^*)$，又是全过程的最优策略，简称最优策略(optimal policy)。从初始状态($x_1=x_1^*$)出发，过程按照 p_{1n}^* 和状态转移方程演变所经历的状态序列$\{x_1^*,\ x_2^*,\ \cdots,\ x_{n+1}^*\}$称为最优轨迹(optimal trajectory)。

(3)动态规划的基本思想。

动态规划的实质是分治思想和解决冗余，因此，动态规划是一种将问题实例分解为更小的、相似的子问题，并存储子问题的解而避免计算重复的子问题，以解决最优化问题的算法策略。而且，动态规划实质上是一种以空间换时间的技术，即舍空间而取时间。它在实现的过程中，不得不存储产生过程中的各种状态，所以它的空间复杂度要大于其他的算法。

由此可知，动态规划法与分治法和贪心法类似，它们都是将问题实例归纳为更小的、相似的子问题，并通过求解子问题产生一个全局最优解。其中贪心法的当前选择可能要依赖已经做出的所有选择，但不依赖于有待于做出的选择和子问题。因此贪心法自顶向下，一步一步地做出贪心选择；而分治法中的各个子问题是独立的，即不包含公共的子问题，因此一旦递归地求出各子问题的解后，便可自下而上地将子问题的解合并成问题的解。

2. 背包问题

问题是这样的：一个旅行者有一个最多能装 M kg 的背包，现在有 N 件物品，它们的质量分别是 W_1，W_2，…，W_n，它们的价值分别为 P_1，P_2，…，P_n。若每种物品只有一件，求旅行者能获得的最大总价值。

分析：应用动态规划解题的基本思路。这是最基础的背包问题，特点是每种物品仅有一件，可以选择放或不放。用子问题定义状态，即 $f[v]$ 表示前 i 件物品恰好放入一个容量为 v 的背包时可以获得的最大价值。则其状态转移方程便是 $f[v]=\max\{f[v], f[v-c]+w\}$。

这个方程非常重要，基本上所有跟背包相关的问题的方程都是由它衍生出来的。所以有必要将它详细解释一下。“将前 i 件物品放入容量为 v 的背包中”这个子问题，若只考虑第 i 件物品的策略(放或不放)，那么就可以转化为一个只牵扯前 $i-1$ 件物品的问题；如果不放第 i 件物品，那么问题就转化为“前 $i-1$ 件物品放入容量为 v 的背包中”；如果放第 i 件物品，那么问题就转化为“前 $i-1$ 件物品放入剩下的容量为 $v-c$ 的背包中”，此时能获得的最大价值就是 $f[v-c]$ 再加上通过放入第 i 件物品获得的价值 w。

最佳装载是指所装入的物品价值最高，即 $p_1x_1+p_2x_2+\cdots+p_ix_i$(其中 $1\leqslant i\leqslant n$，x 取 0 或 1，取 1 表示选取物品 i)取得最大值。在该问题中需要决定 x_1，x_2，…，x_n 的值。假设按 $i=1$，2，…，n的次序来确定 x_i 的值。如果置 $x_1=0$，则问题转化为相对于其余物品(即物品 2，3，…，n)，背包容量仍为 c 的背包问题；如果置 $x_1=1$，问题就转化为关于最大背包容量为 $c-w_1$ 的问题。现设 $R\{c, c-w_1\}$ 为剩余的背包容量。在第一次决策之后，剩下的问题便是考虑背包容量为 R 时的决策。不管 x_1 是 0 或是 1，$[x_2, \cdots, x_n]$ 必须是第一次决策之后的一个最优方案，如果不是，则会有一个更好的方案。

3. 排队论问题

日常生活中存在大量有形和无形的排队或拥挤现象，如旅客购票排队、市内电话占线等现象。排队论的基本思想是 1910 年丹麦电话工程师 A. K. 埃尔朗在解决自动电话设计问题时开始形成的，当时称为话务理论。他在热力学统计平衡理论的启发下，成功地建立了电话统计平衡模型，并由此得到一组递推状态方程，从而导出著名的埃尔朗电话损失率公式。

自 20 世纪初以来，电话系统的设计一直在应用这个公式。20 世纪 30 年代苏联数学家 A. Я. 欣钦把处于统计平衡的电话呼叫流称为最简单流。瑞典数学家巴尔姆又引入有限后效流等概念和定义。他们用数学方法深入地分析了电话呼叫的本征特性，促进了排队论的研究。20 世纪 50 年代初，美国数学家在生灭过程展开研究，同时英国数学家 D. G. 肯德尔提出了嵌入马尔可夫链理论，并给出了排队类型的分类方法，为排队论奠定了理论基础。在这以后，L. 塔卡奇等人又将组合方法引进排队论，使它更能适应各种类型的排队问题。20 世纪 70 年代以来，人们开始研究排队网络和复杂排队问题的渐近解等，成为研究现代排队论的新趋势。

排队系统通常由输入过程、排队规则和服务机构组成，又称服务系统。服务对象到来的时刻和对他提供服务的时间(即占用服务系统的时间)都是随机的。图 1-2 所示为一个最简单的排队系统模型。

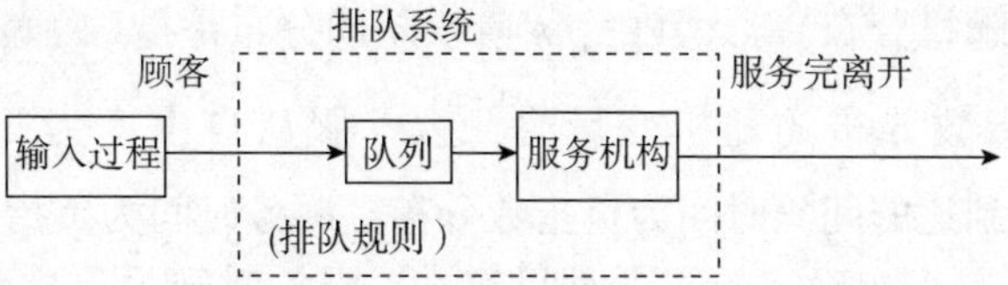

图 1-2　排队系统模型

(1)输入过程。

输入过程考查的是顾客到达服务系统的规律。它可以用一定时间内的顾客到达数或前后两个顾客相继到达的间隔时间来描述，一般分为确定型和随机型两种。例如，在生产线上加工的零件按规定的间隔时间依次到达加工地点；定期运行的班车、班机等都属于确定型输入。随机型输入是指在时间 t 内顾客到达数 $n(t)$ 服从一定的随机分布。若 $n(t)$ 服从泊松分布，则在时间 t 内到达 n 个顾客的概率为

$$P_n(t)=\frac{\mathrm{e}^{-\lambda t}(\lambda t)^n}{n!}(n=0,\ 1,\ 2,\ \cdots,\ N)$$

或顾客相继到达系统的间隔时间 T 服从负指数分布，即

$$P\{T\leqslant t\}=1-\mathrm{e}^{-\lambda t}$$

式中，λ 为单位时间顾客期望到达数，称为平均到达率，则 $1/\lambda$ 为平均间隔时间。在排队论中，主要讨论随机型输入过程。

(2)排队规则。

排队规则分为等待制、损失制和混合制三种。当顾客到达时，所有服务机构都被占用，则顾客排队等候，即为等待制。在等待制中，为顾客进行服务的次序可以是先到先服务、后到先服务、随机服务和有优先权服务(如医院接待急救病人)。如果顾客来到后看到服务机构没有空闲便立即离去，则为损失制。有些系统因留给顾客排队等待的空间有限，因此超过所能容纳人数的顾客必须离开系统，这种排队规则则为混合制。

(3)服务机构。

服务机构可以是一个或多个服务台。多个服务台可以是平行排列的，也可以是串联排列的。服务时间一般也分成确定型和随机型两种。例如，自动冲洗汽车的装置对每辆汽车冲洗(服务)时间是相同的，因而是确定型的。而随机型服务时间 v 则服从一定的随机分布。如果服务时间 v 服从负指数分布，则其分布函数是

$$P\{v\leqslant t\}=1-\mathrm{e}^{-\mu t}(t\geqslant 0)$$

式中，μ 为平均服务率，则 $1/\mu$ 为平均服务时间。

(4)排队系统的分类。

如果按照排队系统三个组成部分特征的各种可能情形来分类，则排队系统可分成无穷多种类型，因此只能按主要特征进行分类。一般是以顾客相继到达系统的间隔时间分布、服务时间的分布和并列服务台数目为分类标志。现代常用的分类方法是英国数学家

D. G. 肯德尔提出的，即用肯德尔记号 $X/Y/Z$ 进行分类。

X 处填写顾客相继到达系统的间隔时间的分布；

Y 处填写服务时间分布；

Z 处填写并列的服务台数目。

各种分布符号有 M(负指数分布)、D(确定型)、E_k(k 阶埃尔朗分布)、G_I(一般相互独立分布)和 G(一般随机分布)等。其中，k 阶埃尔朗分布是指$\{x_i\}$($i=1, 2, \cdots, k$)为相互独立且服从相同指数分布的随机变量时，$\sum_{i=1}^{k} x_i$ 服从自由度为 $2k$ 的 χ^2 分布。例如，$M/M/1$表示顾客相继到达的间隔时间为负指数分布、服务时间为负指数分布和单个服务台的模型；$D/M/C$ 表示顾客按确定的间隔时间到达、服务时间为负指数分布和 C 个服务台的模型。至于其他一些特征，如顾客为无限源或有限源等，可在基本分类的基础上另加说明。

(5)排队系统问题的求解。

研究排队系统问题的主要目的是研究其运行效率、考核其服务质量，以便据此提出改进措施。通常评价排队系统优劣有 6 项数量指标。

1)系统负荷水平 ρ：衡量服务台在承担服务和满足需要方面能力的指标；

2)系统空闲概率 P_0：系统处于没有顾客前来请求服务的概率；

3)队长：系统中排队等待服务和正在服务的顾客总数，其平均值记为 L_s；

4)队列长：系统中排队等待服务的顾客数，其平均值记为 L_g；

5)逗留时间：一个顾客在系统中的停留时间，包括等待时间和服务时间，其平均值记为 W_s；

6)等待时间：一个顾客在系统中的排队等待时间，其平均值记为 W_g。$M/M/1$ 排队系统是一种最简单的排队系统，系统的各项指标可由图 1-3 的状态转移速度图推算出来。其他类型的排队系统的各种指标计算公式则复杂得多，可专门列出计算公式图表备查，现已开始应用计算机仿真来求解排队系统问题。表 1-1 列出了 $M/M/1$ 排队系统的指标。

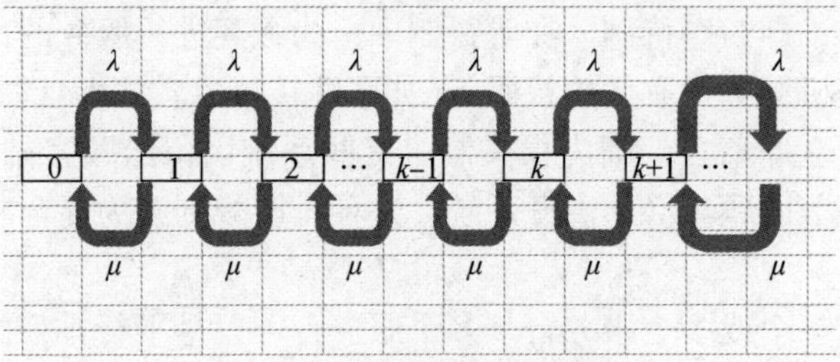

图 1-3　状态转移速度图

表 1-1　$M/M/1$ 排队系统的指标

$M/M/1$ 排队系统的指标						
指标	ρ	P_0	L_s	L_g	W_s	W_g
计算公式	$\frac{\lambda}{\mu}$	$1-\frac{\lambda}{\mu}$	$\mu-\frac{\lambda}{\mu}$	$\frac{\lambda^2}{\mu-\lambda}$	$\frac{1}{\mu-\lambda}$	$\frac{\lambda}{\mu(\mu-\lambda)}$

(6)排队论的应用。

排队论已广泛应用于交通系统、港口泊位设计、机器维修、库存控制和其他服务系统。表 1-2 中列出了排队论的应用。

表 1-2　排队论应用举例表

内部服务系统			外部服务系统		
系统类型	达到的顾客	服务机构	系统类型	达到的顾客	服务机构
秘书服务	雇员	秘书	ATM 机服务	人	ATM 机
复印服务	雇员	复印机	商店收银台	人	收银员
计算机编程服务	雇员	程序员	管道服务	人	管道工
大型计算机	雇员	计算机	电影院售票窗口	人	售票员
急救中心服务	雇员	护士	机场检票处	人	航空公司代理人
传真服务	雇员	传真机	经纪人服务	人	股票纪人
物料处理系统	货物	物料处理单元	理发店	人	理发师
维护系统	设备	维修工人	银行出纳服务	人	出纳
质检站	物件	质检员			

4. 邮递员问题和一笔画问题

邮递员问题，用图的语言来描述，就是给定一个连通图，在每条边上有一个非负的权，要寻求一个圈，经过连通图的每条边至少一次，并且圈的权数最小。由于这个问题是我国管梅谷同志于 1962 年首先提出来的，因此国际上常称它为中国邮递员问题。

“一笔画问题：一笔画问题(哥尼斯堡七桥问题)，也称为遍历问题，……”，是很有实际意义的。假设有一个连通多重图，如果在图中存在一条链，经过图的每条边一次，那么这条链叫作欧拉链；如果在图中存在一个简单圈，经过图的每条边一次，那么这个圈叫作欧拉圈。一个图如果有欧拉圈，那么这个图叫作欧拉图。很明显，如果一个图能够一笔画出，那么这个图一定是欧拉图或者含有欧拉链。

比如前面提到的哥尼斯堡七桥问题，欧拉把它抽象成具有 4 个顶点且都是奇点的形状，如图 1-4 所示。很明显，一个漫步者无论如何也不可能重复地走完七座桥，并最终回到原出发地。

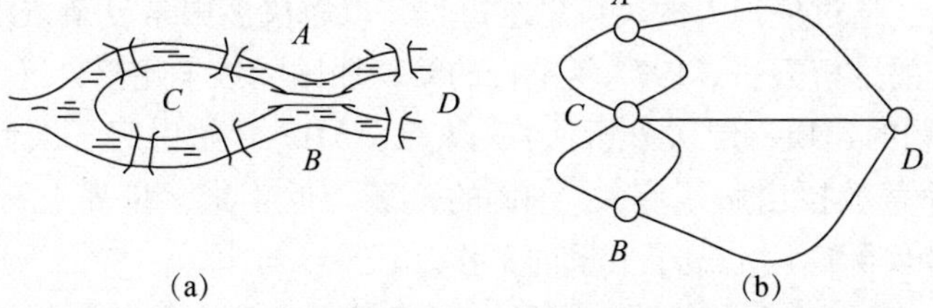

图 1-4　哥尼斯堡七桥

从一笔画问题的讨论可知，一个邮递员在他所负责投递的街道范围内，如果街道构成的图中没有奇点，那么他就可以从邮局出发，每条街道仅经过一次，并最终回到原出发地。但是，如果街道构成的图中有奇点，他就必然要在某些街道重复走几次。

例如，在图 1-5 所示的街道图中，$V1$ 表示邮局所在地，每条街道的长度是 1，邮递员可以按照以下的路线行走：$V1$—$V2$—$V4$—$V3$—$V2$—$V4$—$V6$—$V5$—$V4$—$V6$—$V5$—$V3$—$V1$，总长是 12。也可以按照另一条路线走：$V1$—$V2$—$V3$—$V2$—$V4$—$V5$—$V6$—$V4$—$V3$—$V5$—$V3$—$V1$，总长是 11。

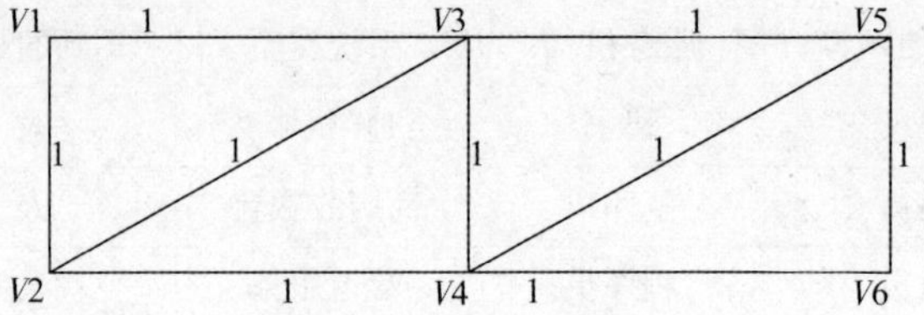

图 1-5　街道图

按照第 1 条路线走，在边[$V2$，$V4$]，[$V4$，$V6$]，[$V6$，$V5$]上各走了两次；按照第 2 条路线走，在边[$V3$，$V2$]，[$V3$，$V5$]上各走了两次。

在连通图中，如果在边[V_i，V_j]上重复走几次，那么就在点 V_i，V_j 之间增加了几条相应的边，且每条边的权和原来的权相等，故把新增加的边称为重复边。显然，这样的路线构成新图中的欧拉圈，如图 1-6(a)、图 1-6(b)所示。并且，邮递员不同行走路线总路程的差等于新增重复边总权的差。例如，在 $V1$—$V2$—$V4$—$V3$—$V2$—$V4$—$V6$—$V5$—$V4$—$V6$—$V5$—$V3$—$V1$ 中，中国邮递员问题也可以表示为在一个有奇点的连通图中，要求增加一些重复边，使得新的连通图不含有奇点，并且令增加的重复边总权最小。故把增加重复边后不含奇点的新的连通图称为邮递路线，而总权最小的邮递路线称为最优邮递路线。

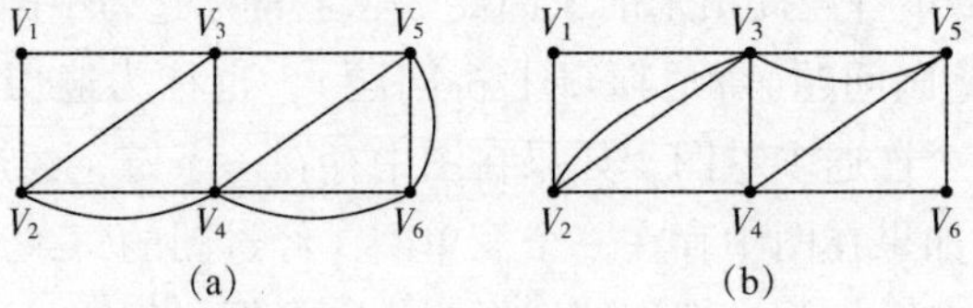

图 1-6　新的连通图中的欧拉图

5. 层次分析法

层次分析法(analytical hierarchy process，AHP)是美国匹兹堡大学教授萨蒂(L. L. Saaty)于 20 世纪 70 年代提出的一种系统分析方法。由于研究工作的需要，萨蒂教授开发了一种综合定性与定量分析，通过模拟人的决策思维过程，以解决多因素复杂系统，特别是难以定量描述的社会系统的分析方法。1977 年举行的第一届国际数学建模会议上，萨蒂教授发表了《无结构决策问题的建模—层次分析法》，从此，AHP 开始引起了人们的注意，并陆续应用。1980 年，萨蒂教授出版了有关 AHP 的论著。近年来，世界上有许多著名学者在 AHP 的理论研究和实际应用上做了大量的工作。

1982 年 11 月，我国召开的能源、资源、环境学术会议上，美国明尼苏达州立大学穆黑德校区大学能源研究所所长 Nezhed 教授首次向我国学者介绍了 AHP 方法。之后，天津大学许树柏等发表了我国第一篇介绍 AHP 的论文。随后，AHP 的理论研究和实际应用在我国迅速开展。1988 年9 月，天津召开了国际 AHP 学术讨论会，萨蒂教授等国外学者和国内许多学者一起讨论了 AHP 的理论和应用问题。目前，AHP 应用在能源政策分析、产业结构研究、科技成果评价、发展战略规划、人才考核评价以及发展目标分析等许多领域都取得了令人满意的成果。

AHP 是一种将定性分析与定量分析相结合的系统分析方法。在进行系统分析时，经常会碰到这样一类问题：有些问题难以甚至根本不可能建立数学模型进行定量分析；也可能由于时间紧，对有些问题来不及进行过细的定量分析，只需作出初步的选择和大致的判定。如选择一个新厂的厂址、购买一台重要的设备、确定到哪里去旅游等。这时，若应用 AHP 进行分析，就可以简便地解决问题。AHP 是分析多目标、多准则的复杂大系统的有力工具。它具有思路清晰、方法简单、适用面广、系统性强等特点，便于普及推广，可成为人们工作中思考问题、解决问题的一种方法。将 AHP 引入决策，是决策科学化的一大进步。它最适宜于解决难以完全用定量方法进行分析的决策问题。因此，它是复杂的社会经济系统实现科学决策的有力工具。

(1) AHP 的基本原理。

为了说明 AHP 的基本原理，首先来分析下面的简单事实。假定已知 n 个西瓜的总质量为 1，每个西瓜的质量为 ω_1，ω_2，ω_3，…，ω_n，问每个西瓜相对于其他西瓜的相对重量是多重？

可通过两两比较(相除)，得到比较矩阵(以下称为判断矩阵)

$$\boldsymbol{A}=\begin{matrix}\omega_1\\ \omega_2\\ \vdots\\ \omega_n\end{matrix}\begin{pmatrix}\omega_1/\omega_1 & \omega_1/\omega_2 & \cdots & \omega_1/\omega_n\\ \omega_2/\omega_1 & \omega_2/\omega_2 & \cdots & \omega_2/\omega_n\\ \vdots & \vdots & & \vdots\\ \omega_n/\omega_1 & \omega_n/\omega_2 & \cdots & \omega_n/\omega_n\end{pmatrix}=(a_{ij})_{n\times n}$$

显然矩阵 $\boldsymbol{A}$ 满足

$$a_{ii}=1,\quad a_{ij}=\frac{1}{a_{ji}}\tag{1-1}$$

满足式(1-1)的矩阵称为互反矩阵，其满足

$$a_{ij}a_{jk}=a_{ik}\quad (i,\ j,\ k=1,\ 2,\ \cdots,\ n)$$

设 $\boldsymbol{W}=\begin{pmatrix}\omega_1\\ \omega_2\\ \vdots\\ \omega_n\end{pmatrix}$，有 $\boldsymbol{AW}=\begin{pmatrix}\omega_1/\omega_1 & \omega_1/\omega_2 & \cdots & \omega_1/\omega_n\\ \omega_2/\omega_1 & \omega_2/\omega_2 & \cdots & \omega_2/\omega_n\\ \vdots & \vdots & & \vdots\\ \omega_n/\omega_1 & \omega_n/\omega_2 & \cdots & \omega_n/\omega_n\end{pmatrix}\begin{pmatrix}\omega_1\\ \omega_2\\ \vdots\\ \omega_n\end{pmatrix}=\begin{pmatrix}n\omega_1\\ n\omega_2\\ \vdots\\ n\omega_n\end{pmatrix}=n\boldsymbol{W}$。

式中，n 是 $\boldsymbol{A}$ 的一个特征值；$\boldsymbol{W}=\begin{pmatrix}\omega_1\\ \omega_2\\ \vdots\\ \omega_n\end{pmatrix}$，是 $\boldsymbol{A}$ 的特征值 n 所对应的一个特征向量。

现在提出相反的问题：如果事先不知道每个西瓜的质量，也没有衡器去称量，如何判定每个西瓜的相对质量呢？即如何判定哪个最重，哪个次之，哪个最轻呢？

首先，可以通过两两比较的方法，得出判断矩阵 $\boldsymbol{A}$，然后求出 $\boldsymbol{A}$ 的最大特征值 $\lambda_{\max}$，

进而通过 $AW=\lambda_{\max}W$，求出 A 的特征向量 $\overline{W}=\begin{pmatrix}\overline{\omega}_1\\ \overline{\omega}_2\\ \vdots\\ \overline{\omega}_n\end{pmatrix}$，最后通过 $\omega_i=\dfrac{\overline{\omega}_i}{\sum\limits_{i=1}^{n}\overline{\omega}_i}$，$i=1, 2, \cdots, n$，将 $\overline{W}$ 规范化，得到 $W=\begin{pmatrix}\omega_1\\ \omega_2\\ \vdots\\ \omega_n\end{pmatrix}$，则 W 即为 n 个西瓜的相对质量。

(2) AHP 的步骤。

用 AHP 分析问题大致要经过以下 5 个步骤：

1) 建立层次结构模型；

2) 构造判断矩阵；

3) 层次单排序；

4) 层次总排序；

5) 一致性检验。

其中步骤 3) ~ 步骤 5) 在整个过程中需要逐层地进行。

不妨以假期旅游为例，假如有三个旅游胜地 A，B，C 供你选择，你会根据诸如景色、费用、居住、饮食等条件反复比较这 3 个候选地点。首先，你会确定这些条件在你心目中各占多大比重，如果你经济宽绰、醉心旅游，自然特别看重景色；如果你平素俭朴或手头拮据则会优先考虑费用；如果你是中老年旅游者，则会对居住、饮食等条件给予较大关注。其次，你会就每一个条件将三个地点进行对比，例如 A 景色最好，B 次之；B 费用最低，C 次之；C 居住条件较好，A 次之等。最后，你将这两个层次的比较判断进行综合考虑，在 A，B，C 中确定最佳地点。

第 4 节　运筹学的应用与展望

一、运筹学的应用

在介绍运筹学的简史时，已提到了运筹学在早期的应用——主要在军事领域。第二次世界大战后运筹学转向民用，这里只对某些重要领域给予简述。

(1) 市场销售。主要应用在广告预算和媒介的选择、竞争性定价、新产品开发、销售计划的制定等方面。例如，美国杜邦公司从 20 世纪 50 年代起就非常重视运用运筹学开展研究，主要用于如何做好广告工作、产品定价以及新产品的引入等方面。通用电力公司同样针对某些市场进行了模拟研究。

(2) 生产计划。在总体计划方面主要用于总体确定生产、存储和劳动力的配合等计划，以适应波动的需求计划，主要使用线性规划和模拟方法等。例如，巴基斯坦某重型制造厂用线性规划安排生产计划，节省了 10%的生产费用。运筹学还可用于生产作业计划、日程表的编排等。此外，还可应用在合理下料、配料问题、物料管理等方面。

(3)库存管理。主要应用于多种物资库存量的管理，确定某些设备的能力或容量，如停车场的大小、新增发电设备的容量大小、电子计算机的内存量、合理的水库容量等。美国某机器制造公司应用存储论后，节省了18%的费用。目前的国外新动向是将库存理论与计算机的物资管理信息系统相结合。例如，美国西电公司，从1971年起用5年时间建立了“西电物资管理系统”，使公司节省了大量物资存储费用和运费，并减少了管理人员。

(4)运输问题。这涉及空运、水运、公路运输、铁路运输、管道运输以及厂内运输。其中，空运问题涉及飞行航班和飞行机组人员服务时间安排等，为此在国际运筹学协会中设有航空组，专门研究空运中的运筹学问题；水运有船舶航运计划、港口装卸设备的配置和船到港后的运行安排；公路运输除了汽车调度计划外，还有公路网的设计和分析、市内公共汽车路线的选择和行车时刻表的安排、出租汽车的调度和停车场的设立；铁路运输方面的应用就更多了。

(5)财政和会计。这里涉及预算、贷款、成本分析、定价、投资、证券管理、现金管理等。用得较多的方法是统计分析、数学规划、决策分析。此外还有盈亏点分析法、价值分析法等。

(6)人事管理。这里涉及6个方面，第一是人员的获得和需求估计；第二是人才的开发，即进行教育和训练；第三是人员的分配，主要是各种指派问题；第四是各类人员的合理利用问题；第五是人才的评价，其中包括如何测定一个人对组织、社会的贡献；第六是工资和津贴的确定等。

(7)设备维修、更新和可靠性、项目选择和评价。

(8)工程的优化设计。这在建筑、电子、光学、机械和化工等领域都有应用。

(9)计算机和信息系统。可将运筹学用于计算机的内存分配，研究不同排队规则对磁盘工作性能的影响。有人利用整数规划寻找满足一组需求文件的寻找次序，利用图论、数学规划等方法研究计算机信息系统的自动设计。

(10)城市管理。这里有各种紧急服务系统的设计和运用，如救火站、救护车、警车等分布点的设立。美国曾用排队论方法来确定纽约市紧急电话站的值班人数；加拿大曾研究城市的警车的配置和负责范围、出事故后警车应走的路线等。此外还有城市垃圾的清扫、搬运和处理；城市供水和污水处理系统的规划等。

我国运筹学的应用是在1957年，始于建筑业和纺织业。在理论联系实际的思想指导下，从1958年开始在交通运输、工业、农业、水利建设、邮电等方面都有应用，尤其是在运输方面，包括物资调运、装卸调度等。在粮食部门，为解决粮食合理调运问题，提出了“图上作业法”，我国的运筹学工作者从理论上证明了它的科学性；在解决邮递员合理投递路线时，管梅谷提出了国外称为“中国邮路问题”的解法；在工业生产中推广了合理下料、机床负荷分配；在纺织业中曾用排队论方法解决细纱车间劳动组织、最优折布长度等问题；在农业中研究了作业布局、劳力分配和麦场设置等。从20世纪60年代起我国的运筹学工作者在钢铁和石油部门开展较全面和深入的应用，投入产出法在钢铁部门首先得到应用。从1965年起统筹法的应用在建筑业、大型设备维修计划等方面取得可喜的进展；从1970年起在全国大部分省、市和部门推广优选法，其应用范围有配方、配比的选择，生产工艺条件的选择，工艺参数的确定，工程设计参数的选择，仪器仪表的调试等；在20世纪70年代中期最优化方法在工程设计界得到广泛重视，在光学设计、船舶设计、飞机设计、变压器设计、电子线路设计、建筑结构设计和化工过程设计等方面都有成果；从20世纪70年代中期排队论开始应用于研究矿山、港口、电信和计算机的设计等方面，图论曾用于线路布置和计算机的设计、化学物品的存放等；存储论在我国应用较晚，20世纪70年代末在汽车工业和其他部门取得成功。近年来运筹学的应用已趋向研究规模大的复杂问题，如部门计划、区域经济规划等，并已与系统工程难以分解。

二、运筹学的展望

关于运筹学将往哪个方向发展，从20世纪70年代起西方运筹学工作者就有各种不同的观点，至今还未说清。这里提出某些运筹学界的观点，供学习和研究。美国前运筹学会主席邦特(S. Bonder)认为，运筹学应在三个领域发展：运筹学应用、运筹科学和运筹数学。并强调如果发展前两者，从整体上应协调发展。事实上到20世纪70年代运筹数学已形成一系列强有力的分支，数学描述相当完善，这是一件好事。正是这一点使不少运筹学界的前辈认为，有些专家钻进运筹数学的深处，而忘掉了运筹学的原有特色，忽略了多学科的横向交叉联系和解决实际问题的研究。近几年来出现一种新的批评，指出有些人只迷恋于数学模型的精巧、复杂化，使用高深的数学工具，而不善于处理大量新的不易解决的实际问题。现代运筹学工作者面临的大量新问题是经济、技术、社会、生态和政治等因素交叉在一起的复杂系统。

因此，从20世纪70年代末至20世纪80年代初不少运筹学家提出：注意研究大系统，注意与系统分析相结合。美国科学院国际开发署写了一本书，其书名就把系统分析和运筹学并列。有的运筹学家提出了“要从运筹学到系统分析”的观点。由于研究新问题的时间范围很长，因此必须与未来学紧密结合。由于面临的问题大多涉及技术、经济、社会、心理等综合因素的研究，因此在运筹学中除常用的数学方法以外，还引入一些非数学的方法和理论。曾在20世纪50年代写过《运筹学的数学方法》的美国运筹学家萨蒂，在20世纪70年代末提出了层次分析法，并认为过去过分强调细巧的数学模型，可是它很难解决那些非结构性的复杂问题。因此宁可用看起来是简单和粗糙的方法，加上决策者的正确判断，也能解决实际问题。切克兰特(P. B. Checkland)把传统的运筹学方法称为硬系统思考，它适用于解决那种结构明确的系统以及战术和技术性问题，而对于结构不明确的、有人参与活动的系统就不太胜任了。这就应采用软系统思考方法，相应的一些概念和方法都应有所变化，例如，将过分理想化的“最优解”换成“满意解”。过去把求得的“解”看作精确的、不能变的凝固的东西，而现在要以“易变性”的理念看待所得的“解”，以适应系统的不断变化。解决问题的过程是决策者和分析者发挥其创造性的过程，这就是进入20世纪70年代以来人们越来越对人机对话的算法感兴趣的原因。在20世纪80年代中一些重要的与运筹学有关的国际会议中，大多数专家认为决策支持系统是使运筹学发展的一个好机会。

20世纪90年代和21世纪初期有两个很重要的趋势。一个是软运筹学的崛起，主要发源地是在英国。1989年英国运筹学学会开了一个会议，后来由罗森汉特(J. Rosenhead)主编了一本论文集，称为软运筹学的“圣经”。里面提到了不少新的属于软运筹的方法，如软系统方法论(SSM：Checkland)、战略假设表面化与检验(SAST：Mason & Mitroff)、战略选择(SC：Friend)、问题结构法(PSM：Bryant & Rosenhead)、超对策(hypergame：Benett)、亚对策(Metagame：Howard)、战略选择发展与分析(SODA：Eden)、生存系统模型(VSM：Beer)、对话式计划(IP：Ackoff)、批判式系统启发(CSH：Ulrich)等。2001年该书出版修订版，增加了很多实例。另一个趋势是与优化有关的，即软计算。这种方法不追求严格最优，具有启发式思路，并借用来自生物学、物理学和其他学科的思想来寻求寻优方法。其中最著名的有遗传算法(GA：Holland)、模拟退火(SA：Metropolis)、神经网络(NN)、模糊逻辑(FL：Zadeh)、进化计算(EC)、禁忌算法(TS)、蚁群优化(ACO：Dorigo)等。目前国际上已经成立了世界软计算协会。协会于 2004 年召开了第 9 届国际会议，但都是在网络上开会，并且有杂志 *Applied soft computing*。此外在一些老的分支方面，如线性规划，也出现新的亮点——内点法；图论中出现无标度网络(scale-free network)等。总之运筹学还在不断发展中，新的思想、观点和方法不断地出现。

目前，运筹学领域的工作者的共识是，运筹学的发展应注重三个方面：

(1)理念更新；

(2)实践为本；

(3)学科交融。

本书作为一本教材，所提供的一些运筹学思想和方法都是基本的，这是作为学习运筹学的读者必须掌握的知识。

延伸阅读

2024 年度 INFORMS Prize 揭晓，京东集团成为首个亚洲获奖企业

近日，在 2024 年运筹与管理科学学会分析大会(2024 INFORMS Analytics Conference)上，京东集团凭借供应链运筹优化技术获得国际运筹学领域的顶级奖项——运筹与管理科学学会奖(2024 INFORMS Prize)，成为该奖项设立 34 年以来第一个获此殊荣的亚洲企业。

运筹与管理科学学会(Institute for Operations Research and Management Science, INFORMS)是全世界运筹与管理科学领域最重要的国际性学会。INFORMS Prize 始于 1991 年，每年评选一次，一般为一个获奖者，少数年份有过两个或空缺的情况，授予以先驱性、多样化、创新性和持久性有效应用运筹和管理科学的企业组织或机构，属于半终身成就奖，获奖者 10 年内不得再次申请。往届获奖企业主要包括沃尔玛、亚马逊、UPS、通用汽车、英特尔等。

京东积极落地应用运筹学和数据科学，实现了以用户为中心的供应链管理和更高效、更快速的响应。京东搭建了自主研发的智能供应链体系，核心是提升用户体验和优化成本、效率，在数十座“亚洲一号”智能物流园区和数百个智能仓内，技术驱动数十万京东物流一线员工和物流机器人协同作业，实现仓库发货、物流运输、末端配送等供应链全链路效率优化升级。目前，95%的京东自营订单都能实现 24 h 内送达。截至 2023 年第四季度末，京东的供应链基础设施资产规模达到 1 538 亿元，同比增长 16%；在拥有超过 1 000 万 SKU 自营商品的基础上，保持库存周转天数 30.3 天的全球领先水平。

通过持续优化物流网络和配送路线、高效管理库存、快速处理订单以及供应链协同，京东也在更有效地帮助商家降本增效。2024 年京东年货节期间，京东智能供应链每天要给出超过 62 万条补货、调货等供应链决策建议，帮助商家更好地预测需求、指导生产、安排库存。此外，京东云自主研发的言犀大模型和适应 AI 算力需求的“数智算力矩阵”，包括云舰、云海、京刚等一系列极具性价比的技术基础设施，以及虚拟主播、智能外呼等一系列 AI 产品，在推动京东自身快速发展同时，也带动了产业链上下游加快数实融合进程，

助力商家供应链和智能服务效率的提升。

2024 年 INFORMS Prize 委员会主席 Mehmet Gumus 表示："京东获此备受瞩目的奖项实至名归，通过持续的、专注的运筹与管理科学实践，京东提升了供应链效率和客户满意度，向我们展示了数据科学是商业成功的源泉。"

此次获奖，充分体现了京东的供应链技术和效能获得的国际认可，这源于京东在"成本、效率、体验"上的积极探索和应用。自 2017 年年初全面向技术转型以来，京东体系已在技术上累计投入超过 1 000 亿元，对技术的追求，让生活更美好的善意，主动进化的精神，也是对"技术为本，让生活更美好"这一使命的深入践行。

本章学习小结

本章通过介绍运筹学的发展简史，让大家学习了解运筹学的发展历程。同时，本章系统地介绍了运筹学的基本定义、性质、特点和解决问题的基本步骤，并介绍了运筹学模型的基本形式和分析解决问题的方法。通过介绍历史案例和典型问题，了解学习运筹学的应用知识，了解运筹学未来的发展前景。

本章通过学习运筹学中国发展历程，通过课堂上补充介绍中国数学史、古今数学家的故事，激励学生的民族自豪感与使命感，增强爱国主义情怀。以数学家精神点燃学生的求知热情，培养家国情怀。通过课堂上补充介绍钱学森、许国志、华罗庚等老一辈科学家在中国进行运筹学应用与推广的杰出事迹，引导学生学习他们的科学精神和爱国情怀。引导学生树立科学思维，通过模型讲解让学生认识到模型要为实践服务，实践才是检验模型的唯一标准。通过古代优秀的运筹思想应用案例学习，让学生了解到在中华优秀传统文化中蕴含着丰富的运筹学的财富。本章学习引导学生培养国家意识、人文情怀、科学家精神，提高专业素养、国际视野等。

思考题

1. 简述运筹学的基本定义。
2. 简述运筹学解决问题的基本步骤。

第 2 章 线性规划与单纯形法

知识目标

掌握线性规划的建模基本思路；

掌握线性规划解的基本概念：基、基变量、非基变量、基解、基的可行解、最优解等；

掌握图解法的求解步骤；

掌握单纯形法的基本原理和单纯形表的求解方法；

掌握单纯形法的求解步骤。

能力目标

知识获取能力：自主学习、独立思考、反复演练算法。

知识应用能力：能够应用所学知识完成线性规划类型的现实问题建模和求解。

创新能力：能够应用所学知识设计研究线性规划的其他类型的优化问题。

本章内容要点

线性规划模型及标准形式、线性规划的图解法、线性规划解的有关概念、单纯形法、一般线性规划问题的处理、线性规划建模。

核心概念

线性规划的标准形式、目标函数、决策变量、约束条件、可行域、可行解、最优解、基、基变量、非基变量、基解、基的可行解、检验数、单纯形法求解步骤。

引导案例

某企业生产甲、乙、丙三种特殊冶金材料，每吨甲、乙、丙材料需要加入材料 A，B，C，D 的数量、材料限制以及每吨甲、乙、丙材料的利润如表 2-1 所示。

表 2-1　生产材料情况

冶金材料	生产中需要加入的材料				
	A/($kg \cdot t^{-1}$)	B/($kg \cdot t^{-1}$)	C/($kg \cdot t^{-1}$)	D/($kg \cdot t^{-1}$)	利润/(万元 · t^{-1})
甲	17	15	11	12	22
乙	11	18	16	15	19
丙	18	11	12	15	20
材料限制/kg	700	800	1 100	550	

寻求使得利润最大的生产方案，即考虑在材料 A，B，C，D 的数量限制范围内，甲、乙、丙冶金材料各生产多少吨，可以使企业工厂获得的总利润最大。

案例思考题：

1. 上述案例如何求解？
2. 求解的难点是什么？
3. 求解的关键点是什么？

从案例中体会并理解线性规划模型的建立、模型的特征、模型的求解思路和过程。

第 1 节　线性规划问题及其数学模型

一、问题的提出

在日常的生产管理和经营实践活动中经常会提出这样的一类问题，即如何合理地利用有限的人力、物力、财力等资源，通过运营使企业获得最佳的经济利益。

【例 2-1】某工厂在计划期内要安排生产Ⅰ，Ⅱ两种产品，已知生产单位产品所需的设备台时及两种原材料的消耗，如表 2-2 所示。

表 2-2　设备及原材料消耗

项目	Ⅰ	Ⅱ	资源拥有数量
设备	1	2	8 台时
原材料 A	4	0	16 kg
原材料 B	0	4	12 kg

该工厂每生产一件产品Ⅰ可获利 2 元，每生产一件产品Ⅱ可获利 3 元，问应如何安排计划使该工厂获利最多？

这个问题可以用以下的数学模型来描述。设 x_1、x_2 分别表示在计划期内产品Ⅰ，Ⅱ的产量。因为设备的有效台时是 8，这是一个限制产量的条件，所以在确定产品Ⅰ，Ⅱ的产量时，要考虑不超过设备的有效台时数，即可用不等式表示为

$$x_1+2x_2\leqslant 8$$
$$4x_1\leqslant 16$$
$$4x_2\leqslant 12$$

该工厂的目标是在不超过所有资源限量的条件下，如何确定产量 x_1，x_2 以得到最大的利润。若用 z 表示利润，则 $z=2x_1+3x_2$。综合上述，该计划问题可用数学模型表示为

目标函数
$$\max z=2x_1+3x_2$$
约束条件
$$\begin{cases}x_1+2x_2\leqslant 8\\4x_1\leqslant 16\\4x_2\leqslant 12\\x_1,\ x_2\geqslant 0\end{cases}$$

【例 2-2】靠近某河流有两个化工厂（见图 2-1），流经化工厂 1 的河流流量为 $5\times 10^6\ m^3$/天，在两个工厂之间有一条流量为 $2\times 10^6\ m^3$/天的支流。化工厂 1 每天排放含有某种有害物质的工业污水 $2\times 10^4\ m^3$，化工厂 2 每天排放这种工业污水 $1.4\times 10^4\ m^3$。从化工厂 1 排出的工业污水流到化工厂 2 以前，有 20% 可自然净化。根据环保要求，河流中工业污水的含量应不大于 0.2%，因此这两个工厂都需各自处理一部分工业污水。化工厂 1 处理工业污水的成本是 1 000 元/万立方米，化工厂 2 处理工业污水的成本是 800 元/万立方米。现在要问在满足环保要求的条件下，每个化工厂各应处理多少工业污水，使这两个化工厂总的处理工业污水费用最少。

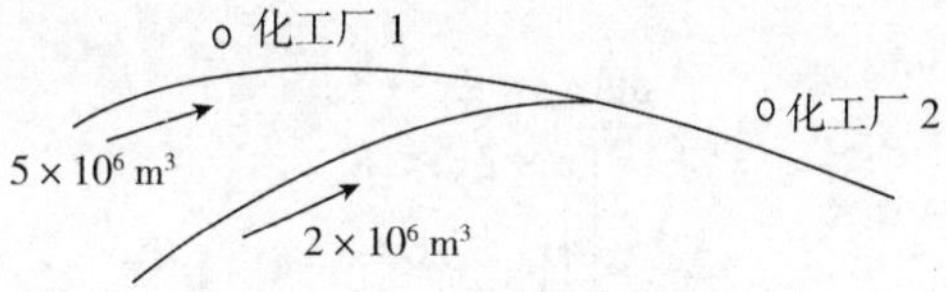

图 2-1　化工厂示意图

这个问题可用数学模型来描述。设化工厂 1 每天处理工业污水量为 $x_1\times 10^4\ m^3$，化工厂 2 每天处理工业污水量为 $x_2\times 10^4\ m^3$，从化工厂 1 到化工厂 2 之间，河流中工业污水含量要不大于 0.2%，由此可得近似关系式 $(2-x_1)/500\leqslant 2/1\ 000$。

流经化工厂 2 后，河流中的工业污水量仍要不大于 0.2%，这时有近似关系式

$$[0.8(2-x_1)+(1.4-x_2)]/700\leqslant 2/1\ 000$$

由于每个化工厂每天处理的工业污水量不会大于每天的排放量，故有 $x_1<2$，$x_2<1.4$。这个问题的目标是要求两个化工厂用于处理工业污水的总费用最小，即 $z=1\ 000x_1+800x_2$。综合上述，这个环保问题可用数学模型表示为

目标函数
$$\min z=1\ 000x_1+800x_2$$
约束条件
$$x_1\geqslant 1$$
$$0.8x_1+x_2\geqslant 1.6$$
$$x_1\leqslant 2$$
$$x_2\leqslant 1.4$$
$$x_1,\ x_2\geqslant 0$$

从【例 2-1】和【例 2-2】中可以看出，它们都是属于一类优化问题，其共同特征如下。

每一个问题都用一组决策变量 $(x_1,\ x_2,\ \cdots)$ 表示某一方案，这组决策变量的值就代表

一个具体方案。一般这些变量取值是非负且连续的。

(1)存在一定的约束条件，这些约束条件可以用一组线性等式或线性不等式来表示。

(2)都有一个要求达到的目标，它可用决策变量的线性函数(称为目标函数)来表示。

(3)按问题的不同，要求目标函数实现最大化或最小化。

满足以上三个条件的数学模型称为线性规划的数学模型。其一般形式为

目标函数
$$\max(\min)z=C_1x_1+C_2x_2+\cdots+C_nx_n \tag{2-1}$$

约束条件
$$\begin{cases}a_{11}x_1+a_{12}x_2+\cdots+a_{1n}x_n\leqslant(=,\ \geqslant)b_1\\a_{21}x_1+a_{22}x_2+\cdots+a_{2n}x_n\leqslant(=,\ \geqslant)b_2\\\quad\cdots\\a_{m1}x_1+a_{m2}x_2+\cdots+a_{mn}x_n\leqslant(=,\ \geqslant)b_m\end{cases} \tag{2-2}$$

$$x_1,\ x_2,\ \cdots,\ x_n\geqslant 0 \tag{2-3}$$

在线性规划的数学模型中，式(2-1)称为目标函数；式(2-2)、式(2-3)称为约束条件；式(2-3)又称变量的非负约束条件。

二、图解法

对于只有两个变量的线性规划问题，可以在二维直角坐标平面上作图表示线性规划问题的有关概念，并求出决策变量的解。图解法简单直观，有助于了解线性规划问题求解的基本原理。

图解法求解线性规划问题的步骤如下。

现对【例 2-1】用图解法求解。

【例 2-1】的模型如下。

$$\max z=2x_1+3x_2$$
$$\begin{cases}x_1+2x_2\leqslant 8\\4x_1\leqslant 16\\4x_2\leqslant 12\\x_1,\ x_2\geqslant 0\end{cases}$$

在以 x_1，x_2 为坐标轴的直角坐标系中，非负条件是指第一象限，每个约束条件都代表一个半平面。约束条件的点，必然落在 x_1，x_2 坐标轴和由这三个半平面交成的区域内。由【例 2-1】的所有约束条件为半平面交成的区域如图 2-2 所示的阴影部分。阴影区域中的每一个点(包括边界点)都是这个线性规划问题的解(称可行解)，因而此区域是【例 2-1】的线性规划问题的解集合，称可行域。

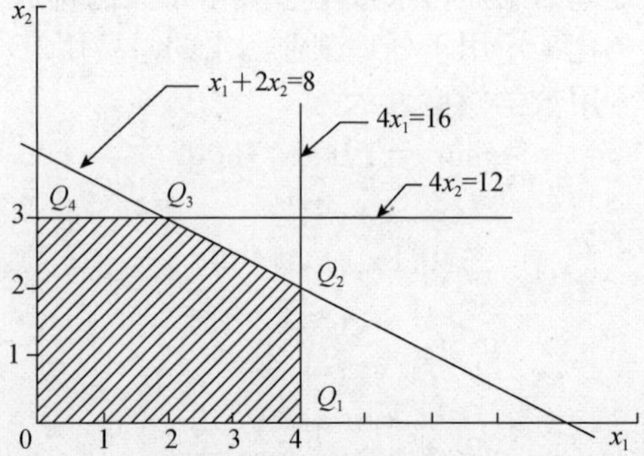

图 2-2　可行域

再分析目标函数 $z=2x_1+3x_2$，在这坐标平面上，它可表示以 z 为参数、$-2/3$ 为斜率的一组平行线

$$x_2=-\frac{2}{3}x_1+\frac{z}{3}$$

目标函数 z 值由小变大，形成一组直线，这组直线具有相同的斜率，因而称它为目标函数的“等值线”，直线

$$x_2=-\frac{2}{3}x_1+\frac{z}{3}$$

沿其法线方向向右上方移动。当移动到 Q_2 点时，使 z 值在可行域边界上实现最大化（见图 2-3），这就得到了【例 2-1】的最优解 Q_2 点的坐标为（4，2）。于是可计算出满足所有约束条件下的最大值 $z=14$。

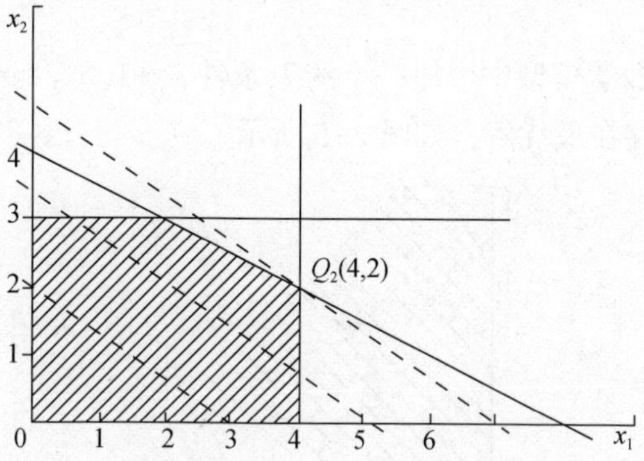

图 2-3　等值线求解过程

这说明该厂的最优生产计划方案是生产 4 件产品Ⅰ，生产 2 件产品Ⅱ，可得最大利润为 14 元。

【例 2-1】中求解得到问题的最优解是唯一的，但对一般线性规划问题，求解结果还可能出现以下几种情况。

1. 无穷多最优解

若将【例 2-1】中的目标函数变为求 $z=2x_1+4x_2$，则表示目标函数中以参数 z 的这组平行直线与约束条件 $x_1+2x_2\leqslant 8$ 的边界线平行。当 z 值由小变大时，将与线段 Q_3Q_2 重合（见图 2-4），此时这个线性规划问题有无穷多最优解（多重最优解）。

2. 无界解

对下述线性规划问题

$$\max z=x_1+x_2$$
$$\begin{cases}-2x_1+x_2\leqslant 4\\ x_1-x_2\leqslant 2\\ x_1,\ x_2\geqslant 0\end{cases}$$

用图解法求解结果如图 2-4 所示。从图中可以看到，该问题可行域无界，目标函数值可以增大到无穷大，这种情况称为无界解。

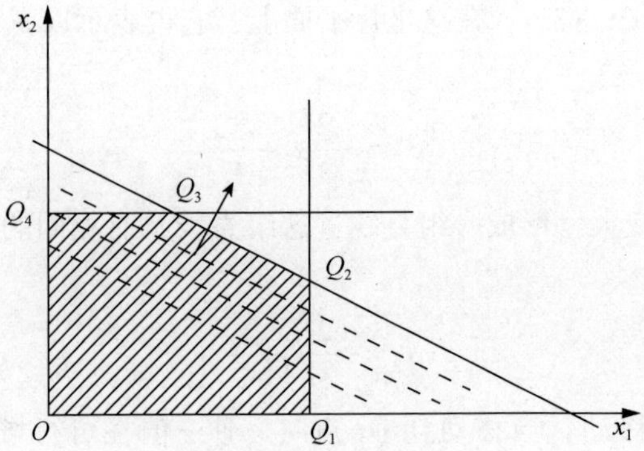

图 2-4　无界解示意图

3. 无可行解

如果在【例 2-1】的数学模型中增加一个约束条件 $x_1+1.5x_2\geqslant 8$，该问题的可行域为空集，即无可行解，也不存在最优解，如图 2-5 所示。

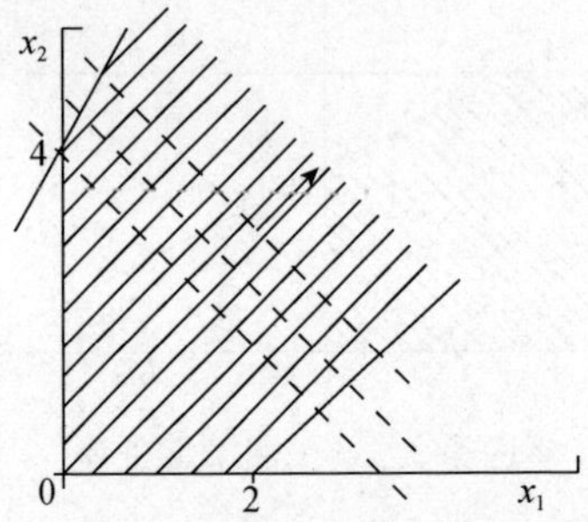

图 2-5　无可行解示意图

当求解结果出现第 2、第 3 两种情况时，一般说明线性规划问题的数学模型有错误。前者缺乏必要的约束条件，后者是有矛盾的约束条件，建模时应注意。从图解法中可以直观地看到，当线性规划问题的可行域非空时，它是有界或无界凸多边形。若线性规划问题存在最优解，它一定在有界可行域的某个顶点得到；若在两个顶点同时得到最优解，则它们连线上的任意一点都是最优解，即有无穷多最优解。

图解法虽然直观、简便，但当变量数多于三个时，它就无能为力了。所以在第 3节中要介绍一种代数法——单纯形法。为了便于讨论，先规定线性规划问题的数学模型的标准形式。

第 2 节　线性规划问题的标准形式

由第 1 节可知，线性规划问题有各种不同的形式。目标函数有的要求 max，有的要求 min；约束条件可以是"<"，也可以是">"形式的不等式，还可以是等式，决策变量一般是非负约束。将多种形式的数学模型统一变换为标准形式，这里规定的标准形式为

目标函数

$$\max z=c_1x_1+c_2x_2+\cdots+c_nx_n$$

约束条件

$$\begin{cases}a_{11}x_1+a_{12}x_2+\cdots+a_{1n}x_n=b_1\\a_{21}x_1+a_{22}x_2+\cdots+a_{2n}x_n=b_2\\\qquad\qquad\cdots\\a_{m1}x_1+a_{m2}x_2+\cdots+a_{mn}x_n=b_n\\x_1,\ x_2,\ \cdots,\ x_n\geqslant 0\end{cases}$$

进一步简化为

$$\max z=\boldsymbol{CX}$$

$$\begin{cases}\sum\limits_{j=1}^{n}\boldsymbol{P}_jx_j=\boldsymbol{b}\\X_j\geqslant 0,\ j=1,\ 2,\ \cdots,\ n\end{cases}$$

$$\boldsymbol{C}=(c_1,\ c_2,\ \cdots,\ c_n)$$

$$\boldsymbol{X}=\begin{pmatrix}x_1\\x_2\\\vdots\\x_n\end{pmatrix};\ \boldsymbol{P}_j=\begin{pmatrix}a_{1j}\\a_{2j}\\\vdots\\a_{mj}\end{pmatrix};\ \boldsymbol{b}=\begin{pmatrix}b_1\\b_2\\\vdots\\b_m\end{pmatrix};\ j=1,\ 2,\ \cdots,\ n$$

在标准形式中规定各约束条件的右端项 $b_j>0$，否则等式两端乘“-1”。以下讨论如何将多种形式的数学模型变换为标准形式的问题。

(1)若要求目标函数实现最小化，即 $\min z=\boldsymbol{CX}$，则只需将目标函数最小化变换求目标函数最大化，即令 $z'=-z$，于是得到 $\max z'=-\boldsymbol{CX}$。

(2)约束条件为不等式。分以下两种情况讨论。

1)若约束条件为“≤”型不等式，则可在不等式左端加入非负松弛变量，把原“≤”型不等式变为等式约束；

2)若约束条件为“≥”型不等式，则可在不等式左端减去一个非负剩余变量(又称松弛变量)，把不等式约束条件变为等式约束。

(3)若存在取值无约束的变量 x_k，可令

$$x_k=x'_k-x''_k$$

$$x'_k,\ x''_k\geqslant 0$$

将【例 2-1】的数学模型化为标准形式。

【例 2-1】的数学模型(简称模型 M)为

目标函数

$$\max z=2x_1+3x_2$$

约束条件

$$\begin{cases}x_1+2x_2\leqslant 8\\4x_1\leqslant 16\\4x_2\leqslant 12\\x_1,\ x_2\geqslant 0\end{cases}$$

化为标准型为

$$\max z=2x_1+3x_2\Rightarrow\max z=2x_1+3x_2+0x_3+0x_4+0x_5$$

$$\begin{cases}x_1+2x_2\leqslant 8\\4x_1\leqslant 16\\4x_2\leqslant 12\\x_1,\ x_2\geqslant 0\end{cases}\Rightarrow\begin{cases}x_1+2x_2+x_3=8\\4x_1+x_4=16\\4x_2+x_5=12\\x_1,\ x_2,\ x_3,\ x_4,\ x_5\geqslant 0\end{cases}$$

(4)线性规划问题的解的概念按照前面给出的线性规划模型为

$$\max z=\sum_{j=1}^{n}c_jx_j \tag{2-4}$$

$$\begin{cases}\sum_{j=1}^{n}a_{ij}x_j=b_i,\ i=1,\ 2,\ \cdots,\ m & (2-5)\\ x_j\geqslant 0,\ j=1,\ 2,\ \cdots,\ n & (2-6)\end{cases}$$

1)可行解。

满足约束条件式(2-5)、式(2-6)的解 $x=(x_1,\ x_2,\ \cdots,\ x_n)^{\mathrm{T}}$，称为线性规划问题的可行解，其中使目标函数达到最大值的可行解称为最优解。

2)基。

$\boldsymbol{B}$ 是系数矩阵 $\boldsymbol{A}$ 中 $m\times m$ 阶非奇异子矩阵($|\boldsymbol{B}|\neq 0$)，称为线性规划问题的基。

$$\boldsymbol{B}=\begin{pmatrix}a_{11} & a_{12} & \cdots & a_{1m}\\a_{21} & a_{22} & \cdots & a_{2m}\\\vdots & \vdots & & \vdots\\a_{m1} & a_{m2} & \cdots & a_{mm}\end{pmatrix}$$

$$\boldsymbol{P}_j(j=1,\ 2,\ \cdots,\ m)$$

$$x_j(j=1,\ 2,\ \cdots,\ m)$$

$\boldsymbol{P}_j$ 为基向量；x_j 为基变量。

3)基可行解。

满足非负条件式(2-6)的基解，称为基可行解。基可行解的非零分量的数目不大于 m，并且都是非负的，如图 2-6 所示。

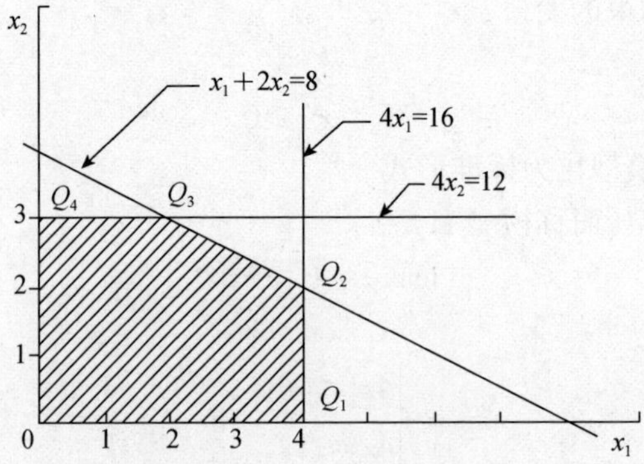

图 2-6　基可行解

例如，【例 2-1】的基本可行解为 0，Q_1，Q_2，Q_3，Q_4。

4)可行基。

对应于基可行解的基，称为可行基。约束方程组式(2-5)具有的基解的数目最多是 C_n^m 个，一般基可行解的数目要小于基解的数目。以上提到了几种解的概念，它们之间的关系可用图 2-7 表明。

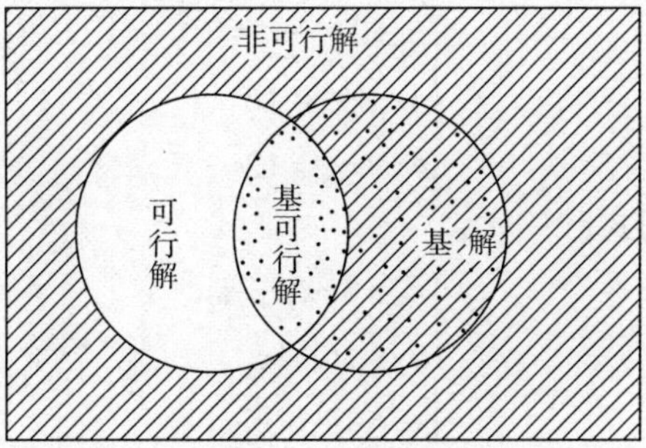

图 2-7 解的关系

第 3 节 单纯形法

单纯形法求解线性规划的思路：一般线性规划问题中线性方程组的变量数大于方程个数，这时有不定的解。但可以从线性方程组中先找出一个个单纯形，每一个单纯形可以求得一组解，然后再判断该解使目标函数值是增大还是变小，进而决定下一步选择的单纯形。这就是迭代，直到目标函数实现最大值或最小值为止。

注意：单纯形是指零维中的点、一维中的线段、二维中的三角形、三维中的四面体等多面体。例如，在三维空间中的四面体，其顶点分别为(0，0，0)、(1，0，0)、(0，1，0)、(0，0，1)，具有单位截距的单纯形的方程，并且 $z=1, 2, \cdots, m$。这样问题就得到了最优解，先举一个例子来说明。

一、举例

【例 2-3】 试以【例 2-3】来讨论如何用单纯形法求解。【例 2-3】的标准形式为

$$\max z=2x_1+3x_2+0x_3+0x_4+0x_5 \tag{2-7}$$

$$\begin{cases} x_1+2x_2+x_3=8 \\ 4x_1+x_4=16 \\ 4x_2+x_5=12 \\ x_j\geqslant 0,\ j=1,\ 2,\ \cdots,\ 5 \end{cases} \tag{2-8}$$

约束条件式(2-8)的系数矩阵为

$$\boldsymbol{A}=(\boldsymbol{P}_1,\ \boldsymbol{P}_2,\ \boldsymbol{P}_3,\ \boldsymbol{P}_4,\ \boldsymbol{P}_5)=\begin{pmatrix} 1 & 2 & 1 & 0 & 0 \\ 4 & 0 & 0 & 1 & 0 \\ 0 & 4 & 0 & 0 & 1 \end{pmatrix}$$

从式(2-8)可看到 x_3，x_4，x_5 的系数构成的列向量

$$\boldsymbol{P}_3=\begin{pmatrix} 1 \\ 0 \\ 0 \end{pmatrix},\ \boldsymbol{P}_4=\begin{pmatrix} 0 \\ 1 \\ 0 \end{pmatrix},\ \boldsymbol{P}_5=\begin{pmatrix} 0 \\ 0 \\ 1 \end{pmatrix}$$

$\boldsymbol{P}_3$，$\boldsymbol{P}_4$，$\boldsymbol{P}_5$ 是线性独立的，这些向量构成一个基 $\boldsymbol{B}$，对应于基 $\boldsymbol{B}$ 的变量 x_3，x_4，x_5 为基变量。

$$\begin{cases} x_1+2x_2+x_3=8 \\ 4x_1+x_4=16 \\ 4x_2+x_5=12 \end{cases} \tag{2-9}$$

从式(2-9)中可以得到式(2-10)

$$\begin{cases} x_3=8-x_1-2x_2 \\ x_4=16-4x_1 \\ x_5=12-4x_2 \end{cases} \tag{2-10}$$

将式(2-10)代入目标函数式(2-7)

$$\max z=2x_1+3x_2+0x_3+0x_4+0x_5$$

得到

$$z=0+2x_1+3x_2 \tag{2-11}$$

当令非基变量 $x_1=x_2=0$，便得到 $z=0$。这时得到一个基可行解 $\boldsymbol{X}^{(0)}$

$$\boldsymbol{X}^{(0)}=(0,\ 0,\ 8,\ 16,\ 12)^{\mathrm{T}}$$

本基可行解的经济含义是工厂没有安排生产产品Ⅰ，Ⅱ，资源都没有被利用，所以工厂的利润为 $z=0$。

从分析目标函数的表达式(2-11)可以看到：

非基变量 x_1，x_2(即没有安排生产产品Ⅰ，Ⅱ)的系数都是正数，因此将非基变量变换为基变量，目标函数的值就可能增大。从经济意义上讲，安排生产产品Ⅰ或Ⅱ，就可以使工厂的利润指标增加。所以只要在目标函数式(2-11)的表达式中还存在正系数的非基变量，就表示目标函数值还有增加的可能，则需要将非基变量与基变量进行对换。

二、初始基可行解的确定

为了确定初始基可行解，要首先找出初始可行基，其方法如下。

1. 直接观察

从线性规划问题

$$\max z = \sum_{j=i}^{n} c_j x_j \tag{2-12}$$

$$\begin{aligned} &\sum_{j=i}^{n} \boldsymbol{P}_j x_j = \boldsymbol{b} \\ &x_j \geqslant 0,\ j=1,\ 2,\ \cdots,\ n \end{aligned} \tag{2-13}$$

的系数构成的列向量 $\boldsymbol{P}_j(j=1,\ 2,\ \cdots,\ n)$中，通过直接观察，找出一个初始可行基

$$\boldsymbol{B}=(\boldsymbol{P}_1,\ \boldsymbol{P}_2,\ \cdots,\ \boldsymbol{P}_m)=\begin{pmatrix} 1 & & \cdots & \\ & 1 & \cdots & \\ & & \ddots & \\ & & \cdots & 1 \end{pmatrix}$$

2. 加松弛变量

对所有约束条件为“≤”形式的不等式，利用化标准形式的方法，在每个约束条件的左

端加上一个松弛变量。经过整理，重新对 x_j 及 $a_{ij}(i=1, 2, \cdots, m; j=1, 2, \cdots, n)$ 进行编号，则可得下列方程组($x_1, x_2, \cdots, x_m$ 为松弛变量)：

$$\begin{cases} x_1 \quad\quad +a_{1,m+1}x_{m+1}+\cdots+a_{1n}x_n=b_1 \\ \quad x_2 \quad +a_{2,m+1}x_{m+1}+\cdots+a_{2n}x_n=b_2 \\ \quad\quad \ddots \quad \cdots \quad \cdots \quad \cdots \quad \cdots \quad \cdots \\ \quad\quad\quad x_m+a_{m,m+1}x_{m+1}+\cdots+a_{mn}x_n=b_m \\ x_j \geqslant 0(j=1, 2, \cdots, n) \end{cases} \tag{2-14}$$

于是，式(2-14)中含有一个 $m\times m$ 阶单位矩阵，初始可行基 $\boldsymbol{B}$ 即可取该单位矩阵。

$$\boldsymbol{B}=(\boldsymbol{P}_1, \boldsymbol{P}_2, \cdots, \boldsymbol{P}_m)=\begin{pmatrix} 1 & & \cdots & \\ & 1 & \cdots & \\ & & \ddots & \\ & & \cdots & 1 \end{pmatrix}$$

将式(2-14)每个等式移项得

$$\begin{cases} x_1 \quad\quad =b_1-a_{1,m+1}x_{m+1}-\cdots-a_{1n}x_n \\ \quad x_2 \quad =b_2-a_{2,m+1}x_{m+1}-\cdots-a_{2n}x_n \\ \quad\quad \ddots \quad \cdots \quad \cdots \quad \cdots \quad \cdots \quad \cdots \\ \quad\quad\quad x_m=b_m-a_{m,m+1}x_{m+1}-\cdots-a_{mn}x_n \end{cases}$$

令 $x_{m+1}=x_{m+2}=\cdots=x_n=0$，可得 $x_i=b_i(i=1, 2, \cdots, m)$，得到一个初始基可行解。

又因 $b_i \geqslant 0$(已做过规定)，所以得到一个初始基可行解。

$$\boldsymbol{X}=(x_1, x_2, \cdots, x_m, \underbrace{0, \cdots, 0}_{n-m\text{ 个}})^{\mathrm{T}}$$

$$=(b_1, b_2, \cdots, b_m, \underbrace{0, \cdots, 0}_{n-m\text{ 个}})^{\mathrm{T}}$$

3. 加非负的人工变量

对所有约束条件为"≥"形式的不等式及等式约束情况，若不存在单位矩阵时，可采用人造基方法，即

对不等式约束，减去一个非负的剩余变量，再加上一个非负的人工变量；

对于等式约束，加上一个非负的人工变量；

这样，总能在新的约束条件系数构成的矩阵中得到一个单位矩阵。

三、最优性检验与解的判别

1. 最优解的判别定理

若 $\boldsymbol{X}^{(0)}=(b'_1, b'_2, \cdots, b'_m, 0, \cdots, 0)^{\mathrm{T}}$ 为对应于基 $\boldsymbol{B}$ 的一个基可行解，且对于一切 $j=m+1, \cdots, n$，有 $\sigma_j \leqslant 0$，则 $\boldsymbol{X}^{(0)}$ 为最优解，σ_j 称为检验数。

2. 无穷多最优解判别定理

若 $\boldsymbol{X}^{(0)}=(b'_1, b'_2, \cdots, b'_m, 0, \cdots, 0)^{\mathrm{T}}$ 为一个基可行解，对于一切 $j=m+1, m+2,$

…，n，有 $\sigma_j \leqslant 0$，又存在某个非基变量的检验数 $\sigma_{m+k}=0$，则线性规划问题有无穷多最优解。

证：只需将非基变量 x_{m+k} 换入基变量中，找到一个新基可行解 $\boldsymbol{X}^{(1)}$。因 $\sigma_{m+k}=0$，由前面的定理知 $z=z_0$，故 $\boldsymbol{X}^{(1)}$ 也是最优解。由前面的定理可知，$\boldsymbol{X}^{(0)}$ 和 $\boldsymbol{X}^{(1)}$ 连线上所有点都是最优解。

3. 无界解判别定理

若 $\boldsymbol{X}^{(0)}=(b'_1, b'_2, \cdots, b'_m, 0, \cdots, 0)^{\mathrm{T}}$ 为一基可行解，有一个 $\sigma_{m+k}>0$，并且对 $i=1, 2, \cdots, m$，有 $a'_{i,m+k} \leqslant 0$，那么该线性规划问题具有无界解(又称无最优解)。

证：构造一个新的解 $\boldsymbol{X}^{(1)}$，它的分量为 $\boldsymbol{x}_i^{(1)}=b'_i-\lambda a'_{i,\ m+k} \quad (\lambda>0)$

$$\boldsymbol{x}_{m+k}^{(1)}=\lambda$$

$$\boldsymbol{x}_j^{(1)}=0; \quad j=m+1, m+2, \cdots, n; \ j \neq m+k$$

因 $a'_{i,\ m+k} \leqslant 0$，所以对任意的 $\lambda>0$ 都是可行解，把 $\boldsymbol{X}^{(1)}$ 代入目标函数内，得到 $z=z_0+\lambda\sigma_{m+k}$。因 $\sigma_{m+k}>0$，故当 $\lambda \to +\infty$，则 $z \to +\infty$，故该问题目标函数无界。

4. 其他情形

以上讨论都是针对标准形式的，即求目标函数极大化时的情况。当要求目标函数极小化时，一种情况是将其化为标准形式。

如果不化为标准形式，只需在最优解的判别定理和无穷多最优解判别定理点中把 $\sigma_j \leqslant 0$ 改写为 $\sigma_j \geqslant 0$，在无界解判别定理中将$\sigma_{m+k}>0$改写为 $\sigma_{m+k}<0$ 即可。

四、基变换

若初始基可行解 $\boldsymbol{X}^{(0)}$ 不是最优解且不能判别无界时，需要找一个新的基可行解。具体做法是从原基可行解中换一个列向量(须保证线性独立)，得到一个新的可行基，称为基变换。为了换基，先要确定换入变量，再确定换出变量，让它们相应的系数列向量进行对换，就得到一个新的基可行解。

1. 换入变量的确定

由前面的定理可知，当某些 $\sigma_j>0$ 时，若 x_j 增大，则目标函数值还可以增大。这时需要将某个非基变量 x_j 换到基变量中去(称为换入变量)。若有两个以上的 $\sigma_j>0$，那么选哪个非基变量作为换入变量呢？为了使目标函数值增加得快，从直观上看应选 $\sigma_j>0$ 中的较大者，即由 $\max\limits_j(\sigma_j>0)=\sigma_k$，应选择 X_k 为换入变量。

2. 换出变量的确定

设 $\boldsymbol{P}_1$，$\boldsymbol{P}_2$，…，$\boldsymbol{P}_m$ 是一组线性独立的向量组，它们对应的基可行解是 $\boldsymbol{X}^{(0)}$，将它代入约束方程组得到

$$\sum_{i=1}^{m} X_i^{(0)} \boldsymbol{P}_i=\boldsymbol{b} \tag{2-15}$$

其他的向量 $\boldsymbol{P}_{m+1}$，$\boldsymbol{P}_{m+2}$，…，$\boldsymbol{P}_{m+t}$，…，$\boldsymbol{P}_n$ 都可以用 $\boldsymbol{P}_1$，$\boldsymbol{P}_2$，…，$\boldsymbol{P}_m$ 线性表示。若确定非基变量 $\boldsymbol{P}_{m+t}$ 为换入变量，必然可以找到一组不全为 0 的数($i=1, 2, \cdots, m$)，使

$$\boldsymbol{P}_{m+t} = \sum_{i=1}^{m} \beta_{i,\ m+t} \boldsymbol{P}_i \boldsymbol{P}_{m+t} - \sum_{i=1}^{m} \beta_{i,\ m+t} \boldsymbol{P}_i = 0 \tag{2-16}$$

在式(2-16)两边同乘一个正数 θ，然后将它加到式(2-15)上，得到

$$\sum_{i=1}^{m} \boldsymbol{x}_i^{(0)} \boldsymbol{P}_i + \theta(\boldsymbol{P}_{m+t} - \sum_{i=1}^{m} \beta_{i,\ m+t} \boldsymbol{P}_i) = \boldsymbol{b}$$

$$\sum_{i=1}^{m} (\boldsymbol{x}_i^{(0)} - \theta\beta_{i,\ m+t}) \boldsymbol{P}_i + \theta \boldsymbol{P}_{m+t} = \boldsymbol{b}$$

当 θ 取适当值时，就能得到满足约束条件的一个可行解(即非零分量的数目不大于 m 个)，使 $(\boldsymbol{x}_i^{(0)} - \theta\beta_{i,\ m+t})$，$i=1, 2, \cdots, m$ 中的某一个为零并保证其余的分量为非负。这个要求可以用以下的办法达到：比较各值 $(\boldsymbol{x}_i^{(0)} - \theta\beta_{i,\ m+t})$，$i=1, 2, \cdots, m$ 。又因为 θ 必须是正数，所以只选择 $\dfrac{\boldsymbol{x}_i^{(0)}}{\beta_{i,\ m+t}}$ $(i=1, 2, \cdots, m)$ 中比值最小的确定主元，以上描述用数学式表示为

$$\theta = \min_i \left(\frac{\boldsymbol{x}_i^{(0)}}{\beta_{i,\ m+t}} \middle| \beta_{i,\ m+t} > 0 \right) = \frac{\boldsymbol{x}_l^{(0)}}{\beta_{i,\ m+t}}$$

这时 $\boldsymbol{x}_l$ 为换出变量。按最小比值确定 θ 值，称为最小比值规则。将 $\theta = \dfrac{\boldsymbol{x}_l^{(0)}}{\beta_{i,\ m+t}}$ 代入 $\boldsymbol{X}$ 中，便得到新的基可行解。

由此可见，$\boldsymbol{X}^{(1)}$ 的 m 个非零分量对应的列向量 $\boldsymbol{P}_j (j=1, 2, \cdots, m, j \neq l)$ 与 $\boldsymbol{P}_{m+t}$ 是线性独立的，即经过基变换得到的解是基可行解。

实际上，从一个基可行解到另一个基可行解的变换，就是进行一次基变换。从几何意义上讲，就是从可行域的一个顶点转向另一个顶点。

五、迭代(旋转运算)

上述讨论的基可行解的转换方法是用向量方程描述的，在实际计算时不太方便，因此下面介绍系数矩阵法。

考虑以下形式的约束方程组

$$\begin{array}{l} x_1 \qquad\qquad + a_{1,m+1}x_{m+1} + \cdots + a_{1k}x_k + \cdots + a_{1n}x_n = b_1 \\ \quad x_2 \qquad\quad + a_{2,m+1}x_{m+1} + \cdots + a_{2k}x_k + \cdots + a_{2n}x_n = b_2 \\ \qquad \ddots \qquad\qquad\qquad \cdots \\ \qquad\quad x_l + a_{l,m+1}x_{m+1} + \cdots + a_{lk}x_k + \cdots + a_{ln}x_n = b_l \\ \qquad\quad x_m + a_{m,m+1}x_{m+1} + \cdots + a_{mk}x_k + \cdots + a_m x_n = b_m \end{array} \tag{2-17}$$

一般线性规划问题的约束方程组中加入松弛变量或人工变量后，很容易得到式(2-17)的形式。

设 x_1，x_2，$\cdots$，x_m 为基变量，对应的系数矩阵是 $m \times m$ 单位矩阵 $\boldsymbol{I}$，它是可行基。令非基变量 x_{m+1}，x_{m+2}，$\cdots$，x_n 为零，即可得到一个基可行解。

若它不是最优解，则要另找一个使目标函数值增大的基可行解。这时从非基变量中确定 x_k 为换入变量。显然这时 θ 为 $\theta = \min_i \left(\dfrac{\boldsymbol{x}_i^{(0)}}{\beta_{i,\ m+t}} \middle| \beta_{i,\ m+t} > 0 \right) = \dfrac{\boldsymbol{x}_l^{(0)}}{\beta_{i,\ m+t}}$。

在迭代过程中 θ 可表示为 $\theta = \min_i\left(\frac{b'_i}{a'_{ik}} \mid a'_{ik} > 0\right) = \frac{b'_l}{a'_{lk}}$。

按 θ 规则确定 x_l 为换出变量，x_k，x_l 的系数列向量分别为

$$\boldsymbol{P}_k = \begin{pmatrix} a_{1k} \\ a_{2k} \\ \vdots \\ a_{lk} \\ \vdots \\ a_{mk} \end{pmatrix};\quad \boldsymbol{P}_l = \begin{pmatrix} 0 \\ \vdots \\ 1 \\ 0 \\ \vdots \\ 0 \end{pmatrix}\ \text{为第 1 个分量。}$$

【例 2-4】 试用上述方法计算【例 2-3】的两个基变换。

解：【例 2-3】的约束方程组的系数矩阵写成增广矩阵

$$\begin{array}{c} \begin{matrix} x_1 & x_2 & x_3 & x_4 & x_5 & b \end{matrix} \\ \left(\begin{array}{ccccc|c} 1 & 2 & 1 & 0 & 0 & 8 \\ 4 & 0 & 0 & 1 & 0 & 16 \\ 0 & 4 & 0 & 0 & 1 & 12 \end{array}\right) \end{array}$$

以 x_3，x_4，x_5 为基变量，x_1，x_2 为非基变量，令 x_1，$x_2 = 0$，可得到一个基可行解 $\boldsymbol{X}^{(0)} = (0,\ 0,\ 8,\ 16,\ 12)$。

第 4 节　单纯形法的计算步骤

若将 z 看作不参与基变换的基变量，它与 x_1，x_2，…，x_m 的系数构成一个基，这时可采用行初等变换将 c_1，c_2，…，c_m 变换为 0，使其对应的系数矩阵为单位矩阵。得到的初始单纯形表如下。

$$\begin{array}{c} \begin{matrix} -z & x_1 & x_2 & \cdots & x_m & x_{m+1} & \cdots & x_n & b \end{matrix} \\ \left(\begin{array}{cccccccc|c} 0 & 1 & 0 & \cdots & 0 & a_{1,\,m+1} & \cdots & a_{1n} & b_1 \\ 0 & 0 & 1 & \cdots & 0 & a_{2,\,m+1} & \cdots & a_{2n} & b_2 \\ \vdots & \vdots & & & \vdots & \vdots & & \vdots & \vdots \\ 0 & 0 & 0 & \cdots & 0 & a_{m,\,m+1} & \cdots & a_{mn} & b_m \\ 1 & 0 & 0 & \cdots & 0 & c_{m+1} - \sum_{i=1}^{m} c_i a_{i,\,m+1} & \cdots & c_n - \sum_{i=1}^{m} c_i a_{in} & -\sum_{i=1}^{m} c_i a_i \end{array}\right) \end{array}$$

计算步骤如下。

(1) 按数学模型确定初始可行基和初始基可行解，建立初始单纯形表。

$$\sigma_j = c_j - \sum_{i=1}^{m} c_i a_{ij}$$

(2) 计算各非基变量 x_j 的检验数，检查检验数，若所有检验数 $\sigma_j \leqslant 0$，$j = 1, 2, \cdots, n$，则已得到最优解，可停止计算。否则转入下一步。

(3)在 $\sigma_j>0$，$j=m+1$，$m+2$，…，n 中，若有某个 σ_k 对应 x_k 的系数列向量 $\boldsymbol{P}_k\leqslant 0$，则此问题是无界，停止计算。否则，转入下一步。

(4)根据 $\max(\sigma_j>0)=\sigma_k$，确定 x_k 为换入变量，按 θ 规则计算

$$\theta=\min\left(\frac{b_i}{a_{ik}}\mid a_{ik}>0\right)=\frac{b_l}{a_{lk}}$$

(5)以 a_{lk} 为主元素进行迭代，即用高斯消去法(又称旋转运算)，把 x_k 所对应的系数列向量

$$\boldsymbol{P}_k=\begin{pmatrix}a_{1k}\\a_{2k}\\\vdots\\a_{lk}\\\vdots\\a_{mk}\end{pmatrix}\Rightarrow\begin{pmatrix}0\\0\\\vdots\\1\\\vdots\\0\end{pmatrix}\text{为第 1 行。}$$

将 x_B 列中的 x_l 换为 x_k，得到新的单纯形表。重复(2)~(5)，直到终止。

现用【例 2-1】的标准形式来说明上述计算步骤。

$$\max z=2x_1+3x_2+0x_3+0x_4+0x_5$$

$$x_1+2x_2+x_3=8$$

$$4x_1++x_4=16$$

$$4x_2+x_5=12$$

$$x_j\geqslant 0,\ j=1,\ 2,\ \cdots,\ 5$$

(1)取松弛变量 x_3，x_4，x_5 为基变量，它对应的单位矩阵为基。这就得到初始基可行解 $\boldsymbol{X}^{(0)}=(0,\ 0,\ 8,\ 16,\ 12)^{\mathrm{T}}$。

将有关数字填入表中，得到初始单纯形表，如表 2-3 所示。表中左上角的 c_j 是表示目标函数中各变量的价值系数。在 C_B 列填入初始基变量的价值系数，它们都为零。

表 2-3　初始单纯形表

$c_j\rightarrow$			2	3	0	0	0	
C_B	X_B	b	x_1	x_2	x_3	x_4	x_5	θ
0	x_3	8	1	2	1	0	0	8/2=4
0	x_4	16	4	0	0	1	0	—
0	x_5	12	0	[4]	0	0	1	12/4=3
$-z$		0	2	3	0	0	0	

计算非基变量的检验数。

各非基变量的检验数为

$$\sigma_1=c_1-x_1=2-(0\times1+0\times4+0\times0)=2$$

$$\sigma_2=c_2-x_2=3-(0\times2+0\times0+0\times4)=3$$

填入表 2-3 的底行，即对应非基变量处。

(2)因检验数都大于 0，且 $\boldsymbol{P}_1$，$\boldsymbol{P}_2$ 有正分量存在，转入下一步。

(3) $\max(\sigma_1, \sigma_2)=\max(2, 3)=3$，对应的变量 x_2 为换入变量，计算 θ

$$\theta=\min_i\left(\frac{b_i}{a_{i2}} \mid a_{i2}>0\right)=\min\left(\frac{8}{2}, \frac{12}{4}\right)=3$$

它所在行对应的 x_5 为换出变量，x_2 所在列和 x_5 所在行的交叉处的[4]称为主元素。

(4)以[4]为主元素进行旋转运算或迭代运算，即初等行变换，使 $\boldsymbol{P}_2$ 变换为 $(0, 0, 1)^{\mathrm{T}}$，在 X_B 列中将 x_2 替换 x_5，于是得到新表 2-4。

表 2-4　变换后的单纯形表(一)

$c_j\to$			2	3	0	0	0	
C_B	X_B	b	x_1	x_2	x_3	x_4	x_5	θ
0	x_3	2	[1]	0	1	0	−1/2	2
0	x_4	16	4	0	0	1	0	4
3	x_2	3	0	1	0	0	1/4	—
$-z$		−9	2	0	0	0	−3/4	

(5)检查表 2-4 的所有 c_j-x_j，这时有 $c_1-x_1=2$，说明 x_1 应为换入变量。重复(2)～(4)的计算步骤，得到表 2-5。

表 2-5　变换后的单纯形表(二)

$c_j\to$			2	3	0	0	0	
C_B	X_B	b	x_1	x_2	x_3	x_4	x_5	θ
2	x_1	2	1	0	1	0	−1/2	—
0	x_4	8	0	0	−4	1	[2]	4
3	x_2	3	0	1	0	0	1/4	12
$-z$		−13	0	0	−2	0	1/4	

因为还存在检验数>0，所以需继续进行迭代。

(6)表 2-6 最后一行的所有检验数都已为负或零。这表示目标函数值已不可能再增大，于是得到最优解。

表 2-6　变换后的单纯形表(三)

$c_j\to$			2	3	0	0	0	θ
C_B	X_B	b	x_1	x_2	x_3	x_4	x_5	
2	x_1	4	1	0	1	1/4	0	
0	x_5	4	0	0	−2	1/2	1	
3	x_2	2	0	1	1/2	−1/8	0	
$-z$		−14	0	0	−3/2	−1/8	0	

$$\boldsymbol{X}^*=\boldsymbol{X}^{(3)}=(4, 2, 0, 0, 4)^{\mathrm{T}}$$

目标函数的最大值 $\max z=14$

单纯形法小结。

根据实际问题给出数学模型，列出初始单纯形表，进行标准化，如表 2-7 所示。分别以每个约束条件中的松弛变量或人工变量为基变量，列出初始单纯形表。

表 2-7　单纯形法小结

变量	$x_j \geqslant 0$ $x_j \leqslant 0$ x_j无约束	不需要处理 令 $x'_j = -x_j$，$x'_j \geqslant 0$ 令 $x_j = x'_j - x''_j$，x'_j，$x''_j \geqslant 0$
约束条件	$b \geqslant 0$ $b<0$ $\geqslant$ $=$ $\leqslant$	不需要处理 约束条件两端同乘-1 加松弛变量 加人工变量 减去剩余(松弛)变量，加人工变量
目标函数	max z min z 加入变量的系数 松弛变量 人工变量	不需要处理 令 $z' = -z$，求 max z' 0 $-M$

第 5 节　线性规划应用举例

在线性规划的应用中，建立数学模型是十分重要的一步工作。线性规划方法通过对实际的问题进行分析，建立其相应的线性规划模型，然后进行求解和分析，为决策提供依据。

通常，一个经济、管理问题满足以下条件时，才能建立线性规划模型。

(1)待求解问题的目标函数能用数值指标来表示，且为线性函数；

(2)存在多种方案及有关数据；

(3)要求达到的目标是在一定约束条件下实现的，这些约束条件可用线性等式或不等式来描述。

【例 2-5】(合理利用线材问题)现要做 100 套钢架，每套需用长为 2.9 m，2.1 m 和 1.5 m 的圆钢各一根。已知原料长 7.4 m，问应如何下料，使用的原材料最省。

解：最简单做法是，在每一根原材料上截取 2.9 m，2.1 m 和 1.5 m 的圆钢各一根组成一套，每根原材料剩下料头 0.9 m(7.4-2.9-2.1-1.5=0.9)。为了做 100 套钢架，需用原材料 100 根，共有 90 m 料头。改为用套裁，这样可以节约原材料。下面有几种套裁方案，都可以考虑采用，如表 2-8 所示。

表 2-8　套裁方案

长度/m	下料根数				
	Ⅰ方案	Ⅱ方案	Ⅲ方案	Ⅳ方案	Ⅴ方案
2.9	1	2		1	

续表

长度/m	下料根数				
	Ⅰ方案	Ⅱ方案	Ⅲ方案	Ⅳ方案	Ⅴ方案
2.5	0		2	2	1
1.5	3	1	2		2
合计	7.4	7.3	7.2	7.1	6.6
料头	0	0.1	0.2	0.3	0.8

为了得到100套钢架，需要混合使用各种下料方案。设按Ⅰ方案下料的原材料根数为x_1，Ⅱ方案为x_2，Ⅲ方案为x_3，Ⅳ方案为x_4，Ⅴ方案为x_5。根据表2-8的方案，可列出以下数学模型。

$$\min z = 0x_1 + 0.1x_2 + 0.2x_3 + 0.3x_4 + 0.8x_5$$

$$\begin{cases} x_1 + 2x_2 + x_4 = 100 \\ 2x_3 + 2x_4 + x_5 = 100 \\ 3x_1 + x_2 + 2x_3 + 2x_5 = 100 \\ x_1,\ x_2,\ x_3,\ x_4,\ x_5 \geqslant 0 \end{cases}$$

【例2-6】(配料问题)某工厂要用三种原材料C，P，H混合调配出三种不同规格的产品A，B，D。已知产品的规格要求、产品单价、每天能供应的原材料数量及原材料单价分别如表2-9和表2-10所示。该工厂应如何安排生产，使利润收入为最大?

解：设以A_C表示产品A中C的成分，A_P表示产品A中P的成分，依次类推。

表2-9　产品与原材料关系

产品名称	规 格 要 求	单价/(元·kg^{-1})
A	原材料C不少于50% 原材料P不超过25%	50
B	原材料C不少于25% 原材料P不超过50%	35
D	不限	25

表2-10　原材料供应情况

原材料名称	每天最多供应量/kg	单价/(元·kg^{-1})
C	100	65
P	100	25
H	60	35

$$A_C \geqslant \frac{1}{2}A,\ A_P \leqslant \frac{1}{4}A,\ B_C \geqslant \frac{1}{4}B,\ B_P \leqslant \frac{1}{2}B \tag{2-18}$$

这里

$$A_C+A_P+A_H=A;\ B_C+B_P+B_H=B \tag{2-19}$$

将式(2-19)逐个代入式(2-18)并整理得到

$$\begin{cases} -\frac{1}{2}A_C + \frac{1}{2}A_P + \frac{1}{2}A_H \leqslant 0 \\ -\frac{1}{4}A_C + \frac{3}{4}A_P - \frac{1}{4}A_H \leqslant 0 \\ -\frac{3}{4}B_C + \frac{1}{4}B_P + \frac{1}{4}B_H \leqslant 0 \\ -\frac{1}{2}B_C + \frac{1}{2}B_P - \frac{1}{2}B_H \leqslant 0 \end{cases}$$

表 2-9、表 2-10 可知这些原材料供应数量的限额，以及加入产品 A，B，D 的原材料 C 总量每天不超过 100 kg、P 的总量不超过 100 kg、H 的总量不超过 60 kg。

由此得约束条件

$$\begin{cases} A_C+B_C+D_C \leqslant 100 \\ A_P+B_P+D_P \leqslant 100 \\ A_H+B_H+D_H \leqslant 60 \end{cases}$$

在约束条件中共有 9 个变量，为计算和叙述方便，分别用 x_1，x_2，…，x_9表示。令

$$x_1=A_C,\ x_2=A_P,\ x_3=A_H$$
$$x_4=B_C,\ x_5=B_P,\ x_6=B_H$$
$$x_7=D_C,\ x_8=D_P,\ x_9=D_H$$

约束条件可表示为

$$\begin{cases} -\frac{1}{2}x_1 + \frac{1}{2}x_2 + \frac{1}{2}x_3 \leqslant 0 \\ -\frac{1}{4}x_1 + \frac{3}{4}x_2 - \frac{1}{4}x_3 \leqslant 0 \\ -\frac{3}{4}x_4 + \frac{1}{4}x_5 + \frac{1}{4}x_6 \leqslant 0 \\ -\frac{1}{2}x_4 + \frac{1}{2}x_5 - \frac{1}{2}x_6 \leqslant 0 \\ x_1 + x_4 + x_7 \leqslant 100 \\ x_2 + x_5 + x_8 \leqslant 100 \\ x_3 + x_6 + x_9 \leqslant 60 \\ x_1,\ x_2,\ \cdots,\ x_9 \geqslant 0 \end{cases}$$

目标函数目的是使利润最大化，即产品价格减去原材料的价格所得差值为最大。

产品价格为　　$50(x_1+x_2+x_3)$——产品 A

$35(x_4+x_5+x_6)$——产品 B

$25(x_7+x_8+x_9)$——产品 D

原材料价格为　　$65(x_1+x_4+x_7)$——原材料 C

$25(x_2+x_5+x_8)$——原材料 P

$35(x_3+x_6+x_9)$——原材料 H

为了得到初始解，在约束条件中加入松弛变量 $x_{10} \sim x_{16}$，得到数学模型

$$\max z = -15x_1 + 25x_2 + 15x_3 - 30x_4 + 10x_5 - 40x_7 - 10x_9 + 0(x_{10} + x_{11} + x_{12} + x_{13} + x_{14} + x_{15} + x_{16})$$

$$\begin{cases} -\frac{1}{2}x_1 + \frac{1}{2}x_2 + \frac{1}{2}x_3 + x_{10} = 0 \\ -\frac{1}{4}x_1 + \frac{3}{4}x_2 - \frac{1}{4}x_3 + x_{11} = 0 \\ -\frac{3}{4}x_4 + \frac{1}{4}x_5 + \frac{1}{4}x_6 + x_{12} = 0 \\ -\frac{1}{2}x_4 + \frac{1}{2}x_5 - \frac{1}{2}x_6 + x_{13} = 0 \\ x_1 + x_4 + x_7 + x_{14} = 100 \\ x_2 + x_5 + x_8 + x_{15} = 100 \\ x_3 + x_6 + x_9 + x_{16} = 60 \\ x_1, x_2, \cdots, x_9, x_{10}, \cdots, x_{18} \geqslant 0 \end{cases}$$

用单纯形法计算，经过 4 次迭代，得最优解为

$$x_1 = 100, \ x_2 = 50, \ x_3 = 50$$

这表示需要用原料 C 为 100 kg、P 为 50 kg、H 为 50 kg 来构成产品 A。

即，每天只生产产品 A 为 200 kg，分别需要用原料 C 为 100 kg、P 为 50 kg、H 为 50 kg。

最终计算得到，总利润是 $z = 500$ 元/天。

本章学习小结

通过本章学习，须掌握如下相关核心概念：线性规划的标准形式、目标函数、决策变量、约束条件、可行域、可行解、最优解、基、基变量、非基变量、基解、基的可行解、检验数、单纯形法求解步骤等。学习过程中的重点在于引导学生分析理解单纯形法的思路和求解过程，培养学生的逻辑推理与创新开拓能力。

本章从树立严谨的科学思想出发，通过求解方法的讲解来培养学生的规则意识和思想道德素质，将线性规划的知识与实际生活中的应用相结合，增强了课程的实用性，通过案例传递了正确的价值观和社会责任感。

思考题

1. 什么是线性规划模型？

2. 线性规划模型的标准形式有何特征？

3. 线性规划问题只有两个决策变量时，图解法求解的一般步骤是什么？

4. 试述线性规划问题的可行解、基本解、基本可行解、最优解的概念及它们之间的相互关系。

5. 试述单纯形法的计算步骤。

课后练习题

一、数学建模题

1. 某厂生产甲、乙两种产品需要 A，B，C 三种资源，每种产品的资源消耗量、单位产品销售后所能获得的利润值以及这三种资源的储备如下表所示。

项目	A	B	C	利润表
甲	9	4	3	70
乙	4	6	10	120
资源储备	360	200	300	

试建立使该厂能获得最大利润的生产计划的线性规划模型，不求解。

2. 某公司生产甲、乙两种产品，生产所需原材料、工时和零件以及销售后所获利润等有关数据如下。

项目	甲	乙	可用量
原材料	2 t · 件$^{-1}$	2 t · 件$^{-1}$	3 000 t
工时	5 工时 · 件$^{-1}$	2.5 工时 · 件$^{-1}$	4 000 工时
零件	1 套 · 件$^{-1}$	1 套 · 件$^{-1}$	500 套
产品利润/(元 · 件$^{-1}$)	4	3	

建立使利润最大的生产计划的数学模型，不求解。

3. 一家工厂制造甲、乙、丙三种产品，需要三种资源——技术服务、劳动力和行政管理。每种产品的资源消耗量、单位产品销售后所能获得的利润值以及这三种资源的储备量如下表所示。

项目	技术服务	劳动力	行政管理	单位利润
甲	1	10	2	10
乙	1	4	2	6
丙	1	5	6	4
资源储备量	100	600	300	

建立使该工厂能获得最大利润的生产计划的线性规划模型，不求解。

4. 一个登山队员，他需要携带的物品有食品、氧气、冰镐、绳索、帐篷、照相器材、通信设备等、每种物品的质量和重要性系数如下表所示。设登山队员可携带的最大质量为 25 kg，试选择该队员所应携带的物品。

序号	1	2	3	4	5	6	7
物品	食品	氧气	冰镐	绳索	帐篷	照相器材	通信设备
质量/kg	5	5	2	6	12	2	4
重要性系数	20	15	18	14	8	4	10

试建立队员所能携带物品最大量的线性规划模型，不求解。

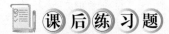

5. 工厂每月生产 A，B，C 三种产品，单件产品的原材料消耗量、设备台时的消耗量、资源限量及单件产品利润如下表所示。

项目	A	B	C	资源限量
原材料消耗量/kg	1.5	1.2	4	2 500
设备台时消耗量/台时	3	1.6	1.2	1 400
利润/(元 · 件$^{-1}$)	10	14	12	

根据市场需求，预测三种产品最低月需求量分别是 150 台时，260 台时，120 台时，最高需求量是 250 台时，310 台时，130 台时，试建立该问题数学模型，使每月利润最大，不求解。

6. A，B 两种产品，都需要经过前后两道工序，每一个单位产品 A 需要前道工序 1 h 和后道工序 2 h，每单位产品 B 需要前道工序 2 h 和后道工序 3 h。可供利用的前道工序有 11 h，后道工序有 17 h。每加工一个单位产品 B 的同时，会产生两个单位的副产品 C，且不需要任何费用，产品 C 一部分可出售盈利，其余只能加以销毁。出售 A，B，C 的利润分别为 3 元、7 元、2 元，每单位产品 C 的销毁费用为 1 元。预测表明，产品 C 最多只能售出 13 个单位。试建立总利润最大的生产计划数学模型，不求解。

7. 靠近某河流有两个化工厂(见下图)，流经化工厂 1 的河流流量为每天 500 m^3，在两个化工厂之间有一条流量为 200 万 m^3 的支流。化工厂 1 每天排放有某种优化物质的工业污水 2 万 m^3，化工厂 2 每天排放该污水 1.4 万 m^3。从化工厂 1 出来的污水在流至化工厂 2 的过程中，有 20%可自然净化。根据环保要求，河流中的污水含量不应大于 0.2%。这两个化工厂都需要各自处理一部分工业污水。化工厂 1 的处理成本是 1 000 元/万 m^3，化工厂 2 的为 800 元/万 m^3。

问：满足环保的条件下，每个化工厂各应处理多少工业污水，才能使两个化工厂的总的污水处理费用最少？试建立数学模型，不求解。

附图：

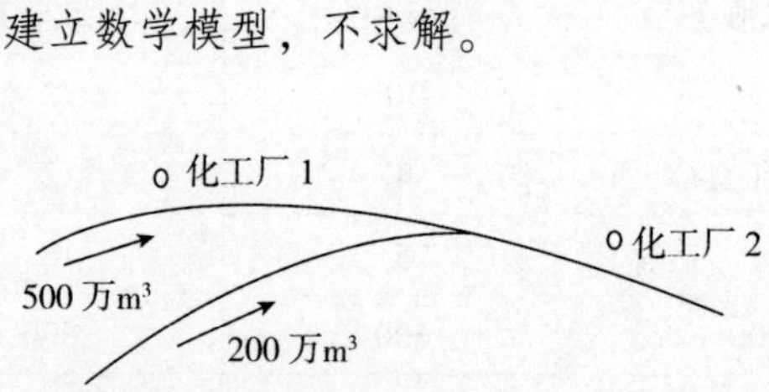

8. 消费者购买某一时期需要的营养物(如大米、猪肉、牛奶等)，希望获得其中的营养成分(如蛋白质、脂肪、维生素等)。设市面上现有三种营养物，它们分别含有各种营养成分数量、各营养物价格以及根据医生建议消费者这段时间至少需要的各种营养成分的数量(单位都略去)见下表。

营养成分	营养物			至少需要的营养成分数量
	甲	乙	丙	
A	4	6	20	80
B	1	1	2	65

续表

营养成分	营养物			至少需要的营养成分数量
	甲	乙	丙	
C	1	0	3	70
D	21	7	35	450
价格	25	20	45	

问：消费者怎么购买营养物，才能既获得必要的营养成分，又花钱最少？试建立数学模型，不求解。

9. 某公司生产的产品 A，B，C 和 D 都要经过下列工序：刨、立铣、钻孔和装配。已知每单位产品所需工时及本月 4 道工序可用生产时间如下表所示。

产品	刨	立铣	钻孔	装配
A	0.5	2.0	0.5	3.0
B	1.0	1.0	0.5	1.0
C	1.0	1.0	1.0	2.0
D	0.5	1.0	1.0	3.0
可用生产时间/h	1 800	2 800	3 000	6 000

又知四种产品对利润贡献及本月最少销售需要单位如下：

产品	最少销售需要单位	元/单位
A	100	2
B	600	3
C	500	1
D	400	4

问：该公司该如何安排生产使利润收入为最大？试建立数学模型，不求解。

10. 某航空公司拥有 10 架大型客机、15 架中型客机和 2 架小型客机，现要安排从一座机场到 4 个城市的航行计划，有关数据如下表，要求每天到 D 城有 2 个航次(往返)，到 A，B，C 城市各 4 个航次(往返)，每架飞机每天只能完成一个航次，且飞行时间最多为 18 h，求利润最大的航班计划。

客机类型	到达城市	飞行费用/(元 · 次$^{-1}$)	飞行收入/(元 · 次$^{-1}$)	飞行时间/(h · 天$^{-1}$)
大型	A	6 000	5 000	1
	B	7 000	7 000	2
	C	8 000	10 000	5
	D	10 000	18 000	10

续表

客机类型	到达城市	飞行费用/(元·次$^{-1}$)	飞行收入/(元·次$^{-1}$)	飞行时间/(h·天$^{-1}$)
中型	A	1 000	3 000	2
	B	2 000	4 000	4
	C	4 000	6 000	8
	D	—	—	20
小型	A	2 000	4 000	1
	B	3 500	5 500	2
	C	6 000	8 000	6
	D	—	—	19

11. CRISP 公司制造 4 种类型的小型飞机：AR1 型(具有一个座位的飞机)、AR2 型(具有两个座位的飞机)、AR4 型(具有 4 个座位的飞机)以及 AR6 型(具有 6 个座位的飞机)。AR1 和 AR2 一般由私人飞行员购买，而 AR4 和 AR6 一般由公司购买，以便加强公司的飞行编队。为了提高安全性，联邦航空局(F、A、A)对小型飞机的制造做出了许多规定。一般的联邦航空局制造规章和检测是基于月进度表进行的，因此小型飞机的制造是以月为单位进行的。下表说明了 CRISP 公司的有关飞机制造的重要信息。

项目	AR1	AR2	AR4	AR6
联邦航空局的最大产量(每月生产的飞机数目)/架	8	17	11	15
建造飞机所需要的时间/天	4	7	9	11
每架飞机所需要的生产经理数目/人	1	1	2	2
每架飞机的盈利贡献/万美元	6.2	8.4	10.3	12.5

CRISP 公司下个月生产经理的总数是 60 人。该公司的飞机制造设施可以同时在任何给定的时间生产多达 9 架飞机。因此，下一个月可以得到的制造天数是 270 天(9×30，每月按 30 天计算)。Jonathan Kuring 是该公司飞机制造管理的主任，他想要确定下个月的生产计划安排，以便使盈利贡献最大化。请建立生产计划安排的数学模型，不求解。

12. 永辉食品厂在第一车间用 1 单位原料 N 可加工 3 单位产品 A 及 2 单位产品 B，产品 A 可以按单位售价 8 元出售，也可以在第二车间继续加工，单位生产费用要增加 6 元，加工后单位售价增加 9 元。产品 B 可以按单位售价 7 元出售，也可以在第三车间继续加工，单位生产费用要增加 4 元，加工后单位售价可增加 6 元。原料 N 的单位购入价为 2 元，上述生产费用不包括工资在内。3 个车间每月最多有 20 万工时，每工时工资 0.5 元，每加工 1 单位 N 需要 1.5 工时，若 A 继续加工，每单位需 3 工时；若 B 继续加工，每单位需 2 工时。原料 N 每月最多能得到 10 万单位。

问：如何安排生产，使工厂获利最大？

二、一般形式转化为标准形式练习题

1. 将下列线性规划模型化为标准形式。

$$\min z = x_1 - 2x_2 + 3x_3$$

$$\begin{cases} x_1 + x_2 + x_3 \leqslant 7 \\ x_1 - x_2 + x_3 \geqslant 2 \\ -3x_1 + x_2 + 2x_3 = -5 \\ x_1,\ x_2 \geqslant 0,\ x_3 \text{ 无约束} \end{cases}$$

2. 将下列线性规划模型化为标准形式。

$$\min z = x_1 + 2x_2 + 3x_3$$

$$\begin{cases} -2x_1 + x_2 + x_3 \leqslant 9 \\ -3x_1 + x_2 + 2x_3 \geqslant 4 \\ 4x_1 - 2x_2 - 3x_3 = -6 \\ x_1 \leqslant 0,\ x_2 \geqslant 0,\ x_3 \text{ 无约束} \end{cases}$$

3. 将下列线性规划变为最大值标准形式。

$$\min z = -3x_1 + 4x_2 - 2x_3 + 5x_4$$

$$\begin{cases} 4x_1 - x_2 + 2x_3 - x_4 = -2 \\ x_1 + x_2 + 3x_3 - x_4 \leqslant 14 \\ -2x_1 + 3x_2 - x_3 + 2x_4 \geqslant 2 \\ x_1,\ x_2,\ x_3 \geqslant 0,\ x_4 \text{ 无约束} \end{cases}$$

三、图解法练习题

1. 用图解法求解下面线性规划问题。

$$\min z = -3x_1 + 2x_2$$

$$\begin{cases} -x_1 + 4x_2 \leqslant 24 \\ x_1 + x_2 \geqslant 8 \\ 5 \leqslant x_1 \leqslant 10 \\ x_2 \geqslant 0 \end{cases}$$

2. 用图解法求解下面线性规划问题。

$$\min z = 2x_1 + x_2$$

$$\begin{cases} -2x_1 + 4x_2 \leqslant 22 \\ -x_1 + 4x_2 \leqslant 10 \\ 2x_1 - x_2 \leqslant 7 \\ x_1 - 3x_2 \leqslant 1 \\ x_1,\ x_2 \geqslant 0 \end{cases}$$

3. 已知线性规划问题如下，用图解法求解，并写出解的情况。

$$\max z = x_1 + 3x_2$$
$$\begin{cases} 5x_1 + 10x_2 \leqslant 50 \\ x_1 + x_2 \geqslant 1 \\ x_2 \leqslant 4 \\ x_1,\ x_2 \geqslant 0 \end{cases}$$

4. 用图解法求解下面线性规划问题。

$$\max z = 2x_1 + x_2$$
$$\begin{cases} 5x_1 \leqslant 15 \\ 6x_1 + 2x_2 \leqslant 24 \\ x_2 + x_2 \leqslant 5 \\ x_1,\ x_2 \geqslant 0 \end{cases}$$

5. 用图解法求解下面线性规划问题。

$$\max z = 2x_1 + 3x_2$$
$$\begin{cases} x_1 + 2x_2 \leqslant 8 \\ 4x_1 \leqslant 16 \\ 4x_2 \leqslant 12 \\ x_j \geqslant 0,\ j = 1,\ 2 \end{cases}$$

四、单纯形法求解线性规划问题

1. 用单纯形法求解下面线性规划问题。

$$\max z = 3x_1 + 3x_2 + 4x_3$$
$$\begin{cases} 3x_1 + 4x_2 + 5x_3 \leqslant 40 \\ 6x_1 + 4x_2 + 3x_3 \leqslant 66 \\ x_1,\ x_2,\ x_3 \geqslant 0 \end{cases}$$

2. 用单纯形法求解下面线性规划问题。

$$\max z = 70x_1 + 120x_2$$
$$\begin{cases} 9x_1 + 4x_2 \leqslant 360 \\ 4x_1 + 6x_2 \leqslant 200 \\ 3x_1 + 10x_2 \leqslant 300 \\ x_1,\ x_2 \geqslant 0 \end{cases}$$

3. 用单纯形法求解下面线性规划问题。

$$\max z = 4x_1 + 3x_2$$
$$\begin{cases} 2x_1 + 2x_2 \leqslant 3\ 000 \\ 5x_1 + 2.5x_2 \leqslant 4\ 000 \\ x_1 \leqslant 500 \\ x_1,\ x_2 \geqslant 0 \end{cases}$$

4. 用单纯形法求解下面线性规划问题。

$$\max z=10x_1+6x_2+4x_3$$

$$\begin{cases}x_1+x_2+x_3\leqslant 100\\10x_1+4x_2+5x_3\leqslant 600\\2x_1+2x_2+6x_3\leqslant 300\\x_1,\ x_2,\ x_3\geqslant 0\end{cases}$$

5. 用单纯形法求解下面线性规划问题，并指出问题的解属于哪一类。

$$\max z=4x_1-2x_2+2x_3$$

$$\begin{cases}3x_1+x_2+x_3\leqslant 60\\x_1-x_2+2x_3\leqslant 10\\2x_1+2x_2-2x_3\leqslant 40\\x_1,\ x_2,\ x_3\geqslant 0\end{cases}$$

6. 用单纯形法求解下面线性规划问题。

$$\max z=2.5x_1+x_2$$

$$\begin{cases}3x_1+5x_2\leqslant 15\\5x_1+2x_2\leqslant 10\\x_1,\ x_2\geqslant 0\end{cases}$$

7. 用单纯形法求解下面线性规划问题。

$$\max z=2x_1+x_2$$

$$\begin{cases}5x_2\leqslant 15\\6x_1+2x_2\leqslant 24\\x_1+x_2\leqslant 5\\x_1,\ x_2\geqslant 0\end{cases}$$

8. 用单纯形法求解下面线性规划问题。

$$\max z=x_1+x_2$$

$$\begin{cases}x_1-2x_2\leqslant 2\\-2x_1+x_2\leqslant 2\\-x_1+x_2\leqslant 4\\x_1,\ x_2\geqslant 0\end{cases}$$

9. 用单纯形法求解下面线性规划问题。

$$\max z=3x_1+5x_2$$

$$\begin{cases}x_1\leqslant 4\\2x_2\leqslant 12\\3x_1+2x_2\leqslant 18\\x_1\geqslant 0,\ x_2\geqslant 0\end{cases}$$

10. 用单纯形法求解下面线性规划问题。

$$\max z = 3x_1 + 5x_2$$

$$\begin{cases} 5x_1 \leqslant 15 \\ 6x_1 + 2x_2 \leqslant 24 \\ x_2 + x_2 \leqslant 5 \\ x_1, \ x_2 \geqslant 0 \end{cases}$$

11. 用单纯形法求解下面线性规划问题。

$$\max z = 2x_1 + 4x_2$$

$$\begin{cases} x_1 + 2x_2 \leqslant 8 \\ x_1 \leqslant 4 \\ x_2 \leqslant 3 \\ x_1, \ x_2 \geqslant 0 \end{cases}$$

12. 用单纯形法求解下面线性规划问题。

$$\max z = -3x_1 - 2x_2$$

$$\begin{cases} 2x_1 + x_2 \leqslant 2 \\ 3x_1 + 4x_2 \geqslant 12 \\ x_1, \ x_2 \geqslant 0 \end{cases}$$

13. 用单纯形法求解下面线性规划问题。

$$\max z = -3x_1 + x_3$$

$$\begin{cases} x_1 + x_2 + x_4 \leqslant 4 \\ -2x_1 + x_2 - x_3 \geqslant 1 \\ 3x_2 + x_3 = 9 \\ x_1, \ x_2, \ x_3 \geqslant 0 \end{cases}$$

第 3 章 线性规划的对偶理论

知识目标

了解线性规划模型的对偶基本概念；
掌握对偶问题写法的基本规律；
了解对偶的基本性质；
掌握影子价格的基本含义；
了解对偶单纯形法的基本原理和求解方法。

能力目标

知识获取能力：自主学习、独立思考、反复演练算法。
知识应用能力：能够应用所学知识解决线性规划的对偶相关现实问题。
创新能力：能够应用所学知识设计研究其他线性规划的对偶有关优化问题。

本章内容要点

对偶问题的概念；
影子价格理论及经济意义；
线性规划的对偶单纯形法。

核心概念

对偶问题、影子价格、对偶单纯形法。

第1节　线性规划对偶问题的提出

对偶，是指同一事物(问题)从不同的角度(立场)观察，有两种相对的表述。比如“平面中矩形的面积与周长的关系”，就可以从两个角度分别表述：周长一定，面积最大的矩形是正方形；面积一定，周长最短的矩形是正方形。

同样，每一个线性规划问题，都存在另一个与它密切相关的线性规划问题，将其中的任意一个问题称为原问题，另一个称为对偶问题。

【例3-1】某工厂在计划期内安排Ⅰ，Ⅱ两种产品的生产，生产单位产品时，使用的设备A，B，C所需的台时如表3-1所示。

表3-1　生产设备台时情况表

设备	Ⅰ	Ⅱ	资源限制
设备A	1	1	300台时
设备B	2	1	400台时
设备C	0	1	250台时

该工厂每生产一单位产品Ⅰ可获利50元，每生产一单位产品Ⅱ可获利100元，问：工厂应分别生产多少产品Ⅰ和产品Ⅱ，才能使工厂获利最多?

解：设 x_1 为产品Ⅰ的计划产量，x_2 为产品Ⅱ的计划产量，则有

目标函数

$$\max z = 50x_1 + 100x_2$$

约束条件

$$\begin{cases} x_1 + x_2 \leqslant 300 \\ 2x_1 + x_2 \leqslant 400 \\ x_2 \leqslant 250 \\ x_1,\ x_2 \geqslant 0 \end{cases}$$

以上问题用单纯形法计算，可求出该问题的最优解为(计算过程略)

$$\boldsymbol{X} = (x_1,\ x_2,\ x_3,\ x_4,\ x_5)^{\mathrm{T}} = (50,\ 250,\ 0,\ 50,\ 0)^{\mathrm{T}}$$

即最优方案为生产50单位Ⅰ产品和生产250单位Ⅱ产品，此时获利最大，$\max z = 27\ 500$(元)。

现在从另一个角度来考虑这个问题。假如有另外一个工厂要求租用该厂的设备A，B，C，那么该厂的厂长应该如何来确定合理的租金呢?

设 y_1, y_2, y_3 分别为设备A，B，C每台时的租金。为了叙述方便，这里把租金定义为扣除成本后的利润。对于出租者来说，把生产单位Ⅰ产品所需各设备的台时出租后，所获得的租金不应低于原来其创造的利润，即50元，于是有 $y_1 + 2y_2 \geqslant 50$，否则就不出租，还是把这些设备用于生产Ⅰ产品以获利50元；同样，把生产单位Ⅱ产品所需各设备的台时出租后所获得的租金也不应低于原利润100元，即 $y_1 + y_2 + y_3 \geqslant 100$，否则这些设备台时就不出租，还是用于生产Ⅱ产品以获利100元。但对于租用者来说，他要求在满足上述要求的前提下，也就是在出租者愿意出租的前提下尽量要求全部设备台时的总租金越低越好，即 $\min \omega = 300y_1 + 400y_2 + 250y_3$，这样就得到了该问题的线性规划模型：

目标函数　　$\min \omega = 300y_1 + 400y_2 + 250y_3$

约束条件　　$\begin{cases} y_1 + 2y_2 \geqslant 50 \\ y_1 + y_2 + y_3 \geqslant 100 \\ y_1, y_2, y_3 \geqslant 0 \end{cases}$

这样从两个不同的角度来考虑同一个工厂的最大利润(最小租金)的问题，所建立起来的两个线性规划模型就是一对对偶问题，其中一个称为原问题，另外一个称为对偶问题。

如果把求目标函数最大值的线性规划问题看成原问题，则求目标函数最小值的线性规划问题就是它的对偶问题。下面来研究这两个问题在数学模型上的关系。

(1)求目标函数最大值的线性规划问题中有 n 个变量、m 个约束条件，它的约束条件都是小于等于不等式。而其对偶则是求目标函数为最小值的线性规划问题，有 m 个变量、n 个约束条件，其约束条件均为大于等于不等式。

(2)原问题目标函数中的变量系数为对偶问题中约束条件的右边常数项，并且原问题目标函数中第 i 个变量的系数就等于对偶问题中第 i 个约束条件的右边常数项。

(3)原问题约束条件的右边常数项为对偶问题目标函数中变量的系数，并且原问题第 i 个约束条件的右边常数项就等于对偶问题目标函数中第 i 个变量的系数。

(4)对偶问题约束条件的系数矩阵 $\boldsymbol{A}$ 是原问题约束矩阵的转置。即

原问题约束条件系数矩阵为　　$\boldsymbol{A} = \begin{pmatrix} a_{11} & a_{12} & \cdots & a_{1n} \\ \cdots & \cdots & \cdots & \cdots \\ a_{m1} & a_{m2} & \cdots & a_{mn} \end{pmatrix}$

对偶问题约束条件系数矩阵为　$\boldsymbol{A}^{\mathrm{T}} = \begin{pmatrix} a_{11} & a_{21} & \cdots & a_{m1} \\ \vdots & \vdots & & \vdots \\ a_{1n} & a_{2n} & \cdots & a_{mn} \end{pmatrix}$

如果用矩阵形式来表示该线性规划问题，则有原问题：

$$\max z = \boldsymbol{CX}$$
$$\begin{cases} \boldsymbol{AX} \leqslant \boldsymbol{b} \\ \boldsymbol{X} \geqslant 0 \end{cases} \tag{3-1}$$

式中，$\boldsymbol{A}$ 是一个 $m \times n$ 矩阵，说明该问题有 m 个约束条件、n 个决策变量；$\boldsymbol{X} = (x_1, x_2, \cdots, x_n)^{\mathrm{T}}$，$\boldsymbol{b} = (b_1, b_2, \cdots, b_m)^{\mathrm{T}}$，均为列向量；$\boldsymbol{C} = (c_1, c_2, \cdots, c_n)$，是一个 $1 \times n$ 的矩阵。

其对偶问题为

$$\min \omega = \boldsymbol{Yb}$$
$$\begin{cases} \boldsymbol{YA} \geqslant \boldsymbol{C} \\ \boldsymbol{Y} \geqslant 0 \end{cases} \tag{3-2}$$

式中，$\boldsymbol{Y} = (y_1, y_2, \cdots, y_m)$，是一个行向量。

将式(3-1)和式(3-2)称为原问题和对偶问题的标准形式。但需要指出的是，线性规划的原问题和对偶问题是相对的，即式(3-1)和式(3-2)互为原问题和对偶问题。如果将式(3-1)指定为原问题，则它的对偶问题为式(3-2)；反之，如果将式(3-2)指定为原问题，则式(3-1)是它的对偶问题。

总结起来，可以把线性规划原问题和对偶问题的对应关系归纳为表 3-2 中的内容。

表 3-2　原问题与对偶问题的对应关系

<table>
<tr><td colspan="2">原问题(或对偶问题)</td><td colspan="2">对偶问题(或原问题)</td></tr>
<tr><td colspan="2">目标函数 max z</td><td colspan="2">目标函数 min ω</td></tr>
<tr><td rowspan="4">变量</td><td>n 个</td><td>n 个</td><td rowspan="4">约束条件</td></tr>
<tr><td>$\geqslant 0$</td><td>$\geqslant$</td></tr>
<tr><td>$\leqslant 0$</td><td>$\leqslant$</td></tr>
<tr><td>无非负限制</td><td>=</td></tr>
<tr><td rowspan="4">约束条件</td><td>m 个</td><td>m 个</td><td rowspan="4">变量</td></tr>
<tr><td>$\leqslant$</td><td>$\geqslant 0$</td></tr>
<tr><td>$\geqslant$</td><td>$\leqslant 0$</td></tr>
<tr><td>=</td><td>无非负限制</td></tr>
<tr><td colspan="2">目标函数的系数</td><td colspan="2">约束条件右端常数</td></tr>
<tr><td colspan="2">约束条件右端常数</td><td colspan="2">目标函数的系数</td></tr>
<tr><td colspan="2">约束条件系数矩阵 $\boldsymbol{A}$</td><td colspan="2">约束条件系数矩阵 $\boldsymbol{A}^{\mathrm{T}}$</td></tr>
</table>

【例 3-2】写出下面线性规划问题的对偶问题。

$$\max z = 3x_1 + 4x_2 + 6x_3$$

$$\begin{cases} 2x_1 + 3x_2 + 6x_3 \leqslant 440 \\ 6x_1 - 4x_2 - x_3 \geqslant 100 \\ 5x_1 - 3x_2 + x_3 = 200 \\ x_1,\ x_2,\ x_3 \geqslant 0 \end{cases}$$

解：原问题目标函数为求最大值，则对偶问题为求最小值。由最大值转化为最小值，表 3-2 需要从左往右看。按照上述原则和要求，可以写出其对偶问题为

$$\min \omega = 440y_1 + 100y_2 + 200y_3$$

$$\begin{cases} 2y_1 + 6y_2 + 5y_3 \geqslant 3 \\ 3y_1 - 4y_2 - 3y_3 \geqslant 4 \\ 6y_1 - y_2 + y_3 \geqslant 6 \\ y_1 \geqslant 0,\ y_2 \leqslant 0,\ y_3 \text{ 无非负限制} \end{cases}$$

【例 3-3】写出下面线性规划问题的对偶问题。

$$\min \omega = 3x_1 + 9x_2 + 4x_3$$

$$\begin{cases} x_1 + 2x_2 + 3x_3 = 180 \\ 2x_1 - 3x_2 + x_3 \leqslant 60 \\ 5x_1 + 3x_2 \geqslant 240 \\ x_1,\ x_2 \geqslant 0,\ x_3 \text{ 无非负限制} \end{cases}$$

解：原问题目标函数为求最小值，则对偶问题为求最大值。由最小值转化为最大值，

表 3-2 需要从右往左看。按照上述原则和要求，可以写出其对偶问题为

$$\max z = 180y_1 + 60y_2 + 240y_3$$

$$\begin{cases} y_1 + 2y_2 + 5y_3 \leqslant 3 \\ 2y_1 - 3y_2 + 3y_3 \leqslant 9 \\ 3y_1 + y_2 = 4 \\ y_1 \text{ 无非负限制}，y_2 \leqslant 0，y_3 \geqslant 0 \end{cases}$$

为方便记忆，将原问题与对偶问题的对应关系简化为八字口诀：变大约大，约大变小，具体如表 3-3 所示。

表 3-3　原问题与对偶问题对应关系八字口诀

原问题(或对偶问题)	对偶问题(或原问题)
目标函数 max z	目标函数 min ω
变大(小)	约大(小)
约大(小)	变小(大)
“=”~“无非负限制”	

在表 3-3 中，“约”是约束条件的简称，“变”是决策变量的简称。表 3-3 与表 3-2 所表达的内容基本一致，可以看作是表 3-2 的简化，同学们可以用该口诀自行检验以上例题。

第 2 节　对偶问题的基本性质

性质 1　对称性。对偶问题的对偶是原问题。

性质 2　弱对偶性。

(1)若 $\boldsymbol{X}_0$ 是原问题的任一可行解，$\boldsymbol{Y}_0$ 是对偶问题的任一可行解，则存在 $\boldsymbol{CX}_0 \leqslant \boldsymbol{Y}_0\boldsymbol{b}$。

(2)若原问题(对偶问题)为无界解，则其对偶问题(原问题)无可行解。(注意：此性质的逆不成立，当对偶问题无可行解时，其原问题具有无界解或无可行解，反之亦然)

(3)若原问题有可行解而其对偶问题无可行解，则原问题目标函数值无界；反之对偶问题有可行解而其原问题无可行解，则对偶问题的目标函数值无界。

性质 3　最优性。如果 $\boldsymbol{X}^*$ 是原问题的可行解，$\boldsymbol{Y}^*$ 是对偶问题的可行解，并且 $\boldsymbol{CX}^* = \boldsymbol{Y}^*\boldsymbol{b}$，则 $\boldsymbol{X}^*$ 和 $\boldsymbol{Y}^*$ 分别为原问题和对偶问题的最优解。

性质 4　强对偶性。即若原问题及其对偶问题都有可行解，则两者都有最优解；且它们的最优目标函数值相等。

性质 5　互补松弛性。在线性规划问题的最优解中，如果对应某一约束条件的对偶变量值非零，则该约束条件取严格等式；反之，如果约束条件取严格不等式，则其对应的对偶变量一定为零。

【例 3-4】已知线性规划问题

$$\max z = 2x_1 + 2x_2 + x_3 + x_4$$

$$\begin{cases} x_1 + 2x_2 + 3x_3 + 4x_4 \leqslant 20 \\ 4x_1 + 3x_2 + 2x_3 + x_4 \leqslant 20 \\ x_1,\ x_2,\ x_3,\ x_4 \geqslant 0 \end{cases}$$

其对偶问题的最优解为 $y_1 = \dfrac{1}{10}$，$y_2 = \dfrac{3}{5}$，目标函数最小值为 14。试用互补松弛性求原问题的最优解。

解：先写出它的对偶问题

$$\min \omega = 20y_1 + 20y_2$$

$$\begin{cases} y_1 + 4y_2 \geqslant 2 & (1) \\ 2y_1 + 3y_2 \geqslant 2 & (2) \\ 3y_1 + 2y_2 \geqslant 1 & (3) \\ 4y_1 + y_2 \geqslant 1 & (4) \\ y_1,\ y_2 \geqslant 0 \end{cases}$$

将 $y_1 = \dfrac{1}{10}$，$y_2 = \dfrac{3}{5}$ 代入以上 4 个约束条件，得式(1)、式(3)为严格不等式，由互补松弛性得 $x_1 = x_3 = 0$。

又因为 $y_1, y_2 \geqslant 0$，原问题的两个约束条件应取等式，故有

$$\begin{cases} 2x_2 + 4x_4 = 20 \\ 3x_2 + x_4 = 20 \end{cases}$$

求解得 $x_2 = 6$，$x_4 = 2$，故原问题的最优解为 $\boldsymbol{X} = (0,\ 6,\ 0,\ 2)^{\mathrm{T}}$。

第 3 节　对偶问题的最优解——影子价格

回到【例 3-1】。由于其对偶问题依然是一个线性规划问题，不妨用单纯形法求解。其最优解为(求解过程略)

$$\boldsymbol{Y} = (y_1,\ y_2,\ y_3,\ y_4,\ y_5,\ y_6) = (50,\ 0,\ 50,\ 0,\ 0,\ 0) \tag{3-3}$$

式中，y_4，y_5 为剩余变量；y_6 为人工变量。

从式(3-3)可知，每台时的合理租金如下：设备 A 为 50 元，设备 B 为 0 元，设备 C 为50 元。这样把工厂的所有设备出租可获得租金 27 500 元。对出租者来说，这些钱不比自己生产所得的利益少；对租用者来说，这些租金是出租者愿意出租设备的最小费用。

先思考一个简单的问题：如果设备 A 的资源增加一个台时(即 300→301)，但其他设备的可用量保持不变，那么能提升多少利润？为了回答这个问题，一个直观的想法是重新求解更新后的线性规划问题，即式(3-4)。

$$\max z = 50x_1 + 100x_2$$

$$\begin{cases} x_1 + x_2 \leqslant 301 \\ 2x_1 + x_2 \leqslant 400 \\ x_2 \leqslant 250 \\ x_1,\ x_2 \geqslant 0 \end{cases} \tag{3-4}$$

该问题的最优解为 $(x_1,\ x_2) = (51,\ 250)$，相应的最大利润为 27 550 元，增加了 50 元。

类似地，如果设备 B 的资源增加一个台时(即 400→401)，其他设备的可用量保持不变，那么又能提升多少利润呢？这时的最优解仍然是 $(x_1,\ x_2) = (50,\ 250)$，最大利润也仍然是 27 500 元，增加值为 0 元。

那换成是设备 C(250→251)呢？最优解则变成 $(x_1,\ x_2) = (49,\ 251)$，此时最大利润为 27 550 元，增加了 50 元。

在上面的分析中，利润的变化都是因为设备台时变化所引起的，因此，将变化的数值称为这些资源的影子价格，其单位为元/台时。

所谓影子价格，是指在保持其他参数不变的前提下，某个约束条件的右边项(如可用资源量)在一个微小的范围内变动一个单位时，导致最优目标函数值的变动量。影子价格是经济学和管理学中的一个重要概念，它有时也被称为边际价格或对偶价格。

关于影子价格，有如下启示。

(1)线性规划中，每个约束条件都对应一个影子价格，它反映了资源对目标函数的边际贡献，即资源转换成经济效益的效率。

(2)影子价格往往反映了各项资源在系统内的稀缺程度。如果资源供给有剩余，则进一步增加该资源的供应量也不会改变最优目标函数值，因此该资源的影子价格为零。如果资源供给不足，则增加该资源的供应量就会改变最优目标函数值，影子价格为正。这与对偶问题的互补松弛性是完全一致的。

通过以上分析不难看出，影子价格与对偶问题的最优解刚好相等，因此影子价格等同于最优对偶解。其对应关系也显而易见，即原问题的第一个约束条件(设备 A 的资源限制)对应 y_1，原问题的第二个约束条件(设备 B 的资源限制)对应 y_2，原问题的第三个约束条件(设备 C 的资源限制)对应 y_3。正如【例 3-1】所显示的，对偶解描述了企业放弃资源所对应的机会成本，因此影子价格也是一种机会成本。

第 4 节　对偶单纯形法

对偶单纯形法和单纯形法一样，都是求解线性规划问题的一种方法。单纯形法是在保持原问题所有约束条件的常数项大于等于零的情况下，通过迭代，使所有的检验数都小于等于零，最后求得最优解；而对偶单纯形法则是在保持原问题的所有检验数都小于等于零的情况下，通过迭代，使所有约束条件的常数项都大于等于零，最后求得最优解。由此可以看出，这两种方法的出发点刚好完全相反。

使用对偶单纯形法时，初始解可以是非可行解，对于一些大于等于号的约束条件不需要添加人工变量，只要把该不等式两边乘-1，大于等于号化成小于等于号，然后就可以用单纯形法来求解，简化计算。但是对偶单纯形法在使用上有很大的局限性，这主要是因为对大多数线性规划问题，很难找到一个初始解使其所有检验数都小于等于零，因而在求解线性规划问题时很少单独运用，但在处理某些问题时可以简化计算量。

对偶单纯形法的计算步骤如下(以求最大值的线性规划为例)。

(1)对线性规划问题进行变换，使列出的初始单纯形表中所有检验数 $\sigma \leqslant 0$。

(2)检查 b 列的数字，若都为非负，检验数都为非正，则已得到最优解，停止计算。若检查 b 列的数字时，至少还有一个负数，检验数保持非正，那么进行以下计算。

(3)确定出基变量。在 b 列中找到最小的一个负数，这个负数所在行的基变量定为出基变量 x_k。

(4)确定入基变量。检查 x_k 所在行的各系数 $a_{kj}(j=1, 2, \cdots, n)$：若所有 $a_{kj} \geqslant 0$，则无可行解，停止计算；若存在 $a_{kj}<0$，计算 $\theta = \min\limits_j \left\{ \dfrac{\sigma_j}{a_{kj}} \middle| a_{kj} < 0 \right\}$，按 θ 规则所对应的 x_t 为入基变量。

(5)以 a_{kt} 为主元进行迭代运算，得到新的单纯形表。

(6)重复步骤(2)~步骤(5)，直到能够判断出解的形式。

下面就以【例 3-1】的对偶问题为例来说明具体算法。

$$
\min \omega = 300y_1 + 400y_2 + 250y_3
$$
$$
\begin{cases} y_1 + 2y_2 \geqslant 50 \\ y_1 + y_2 + y_3 \geqslant 100 \\ y_1,\ y_2,\ y_3 \geqslant 0 \end{cases} \tag{3-5}
$$

对式(3-5)的目标函数求最小值。先把它转化成求最大值的情况，令 $\omega' = -\omega$，得

$$
\max \omega' = -300y_1 - 400y_2 - 250y_3
$$
$$
\begin{cases} y_1 + 2y_2 \geqslant 50 \\ y_1 + y_2 + y_3 \geqslant 100 \\ y_1,\ y_2,\ y_3 \geqslant 0 \end{cases}
$$

此时如果用单纯形法计算求解，每个约束条件都需要减去一个剩余变量，同时又要加上一个人工变量。这样会有 7 个变量参与计算，计算量增大。但使用对偶单纯形法，则需要将约束条件的常数项变为非正，因此两个约束条件两边均乘-1，大于等于号转化为小于等于号，两个约束条件分别加一个松弛变量即可，最终只有 5 个变量参与计算。变化过程如下。

$$
\begin{array}{ll}
\max \omega' = -300y_1 - 400y_2 - 250y_3 & \max \omega' = -300y_1 - 400y_2 - 250y_3 \\
\begin{cases} -y_1 - 2y_2 \leqslant -50 \\ -y_1 - y_2 - y_3 \leqslant -100 \\ y_1,\ y_2,\ y_3 \geqslant 0 \end{cases} & \rightarrow \begin{cases} -y_1 - 2y_2 + y_4 = -50 \\ -y_1 - y_2 - y_3 + y_5 = -100 \\ y_1,\ y_2,\ y_3,\ y_4,\ y_5 \geqslant 0 \end{cases}
\end{array}
$$

建立此问题的初始单纯形表，如表 3-4 所示。

表 3-4　初始单纯形表

$c_j \to$			-300	-400	-250	0	0
C_B	X_B	b	y_1	y_2	y_3	y_4	y_5
0	y_4	-50	-1	-2	0	1	0
0	y_5	-100	-1	-1	[-1]	0	1
			-300	-400	-250	0	0

在表 3-4 中，所有检验数 $\sigma \leqslant 0$。因 b 列数字均为负，故需进行迭代运算。

出基变量的确定：按上述计算步骤(3)，得出 y_5 为出基变量。

入基变量的确定：按上述计算步骤(4)，计算

$$\theta = \min\left(\frac{-300}{-1}, \frac{-400}{-1}, \frac{-250}{-1}\right) = \frac{-250}{-1} = 250$$

故 y_3 为入基变量。入基、出基变量的所在列、行的交叉处的-1 为主元。按单纯形法计算步骤进行迭代运算，结果如表 3-5 所示。

表 3-5　迭代结果(一)

$c_j \to$			-300	-400	-250	0	0
C_B	X_B	b	y_1	y_2	y_3	y_4	y_5
0	y_4	-50	[-1]	-2	0	1	0
-250	y_3	100	1	1	1	0	-1
			-50	-150	0	0	-250

在表 3-5 中，该问题仍是可行解，而 b 列中仍有负数。选择 y_4 为出基变量，y_1 为入基变量，继续迭代，结果如表 3-6 所示。

表 3-6　迭代结果(二)

$c_j \to$			-300	-400	-250	0	0
C_B	X_B	b	y_1	y_2	y_3	y_4	y_5
-300	y_1	50	1	2	0	-1	0
-250	y_3	50	0	-1	1	1	-1
			0	-50	0	-50	-250

在表 3-6 中，b 列数字全为非负，检验数全为非正，故已经找到问题的最优解。最优解和最优值分别为

$$\boldsymbol{Y} = (y_1, y_2, y_3, y_4, y_5) = (50, 0, 50, 0, 0)$$
$$\min \omega = -\max \omega' = 27\ 500$$

本章学习小结

线性规划问题有一个有趣的特性，就是对任何一个线性规划问题，都存在与其匹配的另外一个线性规划问题，并且这一对线性规划问题的解之间还存在着密切的关系。线性规

划的这个特性称为对偶性，这不仅是数学上具有的理论问题，也是实际问题内在的经济联系在线性规划中的必然反映。

本章首先引入了线性规划的对偶问题，分析了线性规划问题与对偶问题的对比特征以及在形式上对偶相互转化的规则。线性规划与其对偶问题有深刻的内在联系，对偶性定理说明了它们之间的关系。影子价格是对偶问题中引入的重要概念，影子价格有两种经济含义，并能够在现实生活中得到应用。

对偶单纯形法是把单纯形法思想与对偶思想结合起来的方法，其求解步骤与单纯形法有一定的对应关系，对偶单纯形法有明确的适用范围，是单纯形法的重要补充。

本章从树立严谨的科学思想出发，培养学生的规则意识和思想道德素质，将对偶相关的知识与实际生活中的应用相结合，增强了课程的实用性，通过案例传递了正确的价值观和社会责任感。

思考题

1. 什么是对偶问题？
2. 简述对偶单纯形法的计算步骤，它与单纯形法的异同之处是什么？
3. 什么是资源的影子价格？
4. 利用对偶单纯形法计算时，如何判断原问题有最优解或无可行解？

课后练习题

1. 写出下列线性规划问题的对偶问题。

(1) $\min f = x_1 + 3x_2 + 2x_3$

$$\begin{cases} x_1 + 2x_2 + 3x_3 \geqslant 6 \\ x_1 - x_2 + 2x_3 \leqslant 3 \\ -x_1 + x_2 + x_3 = 2 \\ x_1 \geqslant 0,\ x_2 \text{ 无非负限制},\ x_3 \leqslant 0 \end{cases}$$

(2) $\min f = 25x_1 + 2x_2 + 3x_3$

$$\begin{cases} 2x_1 + 3x_2 - 5x_3 \leqslant 2 \\ 3x_1 - x_2 + 6x_3 \geqslant 1 \\ x_1 + x_2 + x_3 = 4 \\ x_1 \geqslant 0,\ x_2 \leqslant 0,\ x_3 \text{ 无非负限制} \end{cases}$$

(3) $\max z = x_1 + 2x_2 + 5x_3$

$$\begin{cases} 2x_1 + 3x_2 + x_3 \geqslant 10 \\ 3x_1 + x_2 + x_3 \leqslant 50 \\ x_1 + x_3 = 24 \\ x_1 \leqslant 0,\ x_2 \geqslant 0,\ x_3 \text{ 无非负限制} \end{cases}$$

(4) $\max z = 2x_1 + x_2 + 3x_3 + x_4$

$$\begin{cases} x_1 + x_2 + x_3 + x_4 \leq 5 \\ 2x_1 - x_2 + 3x_3 = -4 \\ x_1 - x_3 + x_4 \geq 1 \\ x_1 \leq 0,\ x_2 \geq 0,\ x_3,\ x_4 \text{ 无非负限制} \end{cases}$$

(5) $\max z = -x_1 + 2x_2 - 3x_3 + 4x_4$

$$\begin{cases} x_1 + 3x_2 + x_3 - 5x_4 \leq 7 \\ 2x_1 - x_2 + x_3 + 3x_4 \geq 2 \\ -3x_1 + x_2 + 4x_3 - x_4 = -5 \\ x_1,\ x_2 \geq 0,\ x_3 \text{ 无约束},\ x_4 \leq 0 \end{cases}$$

2. 判断下列说法是否正确？为什么？

(1) 原问题存在可行解，则其对偶问题也一定存在可行解；

(2) 原问题为无界解，则其对偶问题无可行解；

(3) 对偶问题无可行解，则原问题也一定无可行解；

(4) 若原问题和对偶问题都存在可行解，则该线性规划问题一定存在最优解。

3. 已知线性规划问题

$$\max z = 10x_1 + x_2 + 2x_3$$
$$\begin{cases} x_1 + x_2 + 2x_3 \leq 10 \\ 4x_1 + x_2 + x_3 \leq 20 \\ x_1,\ x_2,\ x_3 \geq 0 \end{cases}$$

(1) 请用单纯形法求出它的最优解；

(2) 写出其对偶问题及最优解，并验证对偶理论的互补松弛性。

4. 已知以下线性规划问题的最优解为 $x_1 = 2, x_2 = 4$，试利用对偶问题的性质写出其对偶问题的最优解。

$$\max z = x_1 + 3x_2$$
$$\begin{cases} 5x_1 + 10x_2 \leq 50 \\ x_1 + x_2 \geq 1 \\ x_2 \leq 4 \\ x_1,\ x_2 \geq 0 \end{cases}$$

5. 现有以下线性规划问题，试用对偶理论证明该问题无最优解。

$$\max z = x_1 + x_2$$
$$\begin{cases} -x_1 + x_2 + x_3 \leq 2 \\ -2x_1 + x_2 - x_3 \leq 1 \\ x_1,\ x_2,\ x_3 \geq 0 \end{cases}$$

6. 已知线性规划问题

$$\min f = 2x_1 + 3x_2 + 5x_3 + 2x_4 + 3x_5$$
$$\begin{cases} x_1 + x_2 + 2x_3 + x_4 + 3x_5 \geq 4 \\ 2x_1 - x_2 + 3x_3 + x_4 + x_5 \geq 3 \\ x_1,\ x_2,\ x_3,\ x_4,\ x_5 \geq 0 \end{cases}$$

其对偶问题的最优解为 $y_1^* = \dfrac{4}{5}$，$y_2^* = \dfrac{3}{5}$，最优值为 $z^* = 5$。试用对偶理论找出原问题的最优解。

7. 已知线性规划问题

$$\min f = 2x_1 + 3x_2 + 5x_3 + 6x_4$$
$$\begin{cases} x_1 + 2x_2 + 3x_3 + x_4 \geqslant 2 \\ -2x_1 + x_2 - x_3 + 3x_4 \leqslant -3 \\ x_1,\ x_2,\ x_3,\ x_4 \geqslant 0 \end{cases}$$

(1) 写出其对偶问题；

(2) 用图解法求对偶问题的解；

(3) 利用(2)的结果及对偶问题的性质，求出原问题的最优解。

8. 已知线性规划问题

$$\min z = 2x_1 + 3x_2 + 5x_3 + 6x_4$$
$$\begin{cases} x_1 + 2x_2 + 3x_3 + x_4 \geqslant 2 \\ -2x_1 + x_2 - x_3 + 3x_4 \leqslant -3 \\ x_j \geqslant 0,\ j = 1,\ 2,\ 3,\ 4 \end{cases}$$

(1) 用图解法求对偶问题的解；

(2) 利用(1)的结果及对偶性质求原问题的解。

9. 已知线性规划问题

$$\min \omega = 2x_1 + 3x_2 + 5x_3 + 2x_4 + 3x_5$$
$$\begin{cases} x_1 + x_2 + 2x_3 + x_4 + 3x_5 \geqslant 4 \\ 2x_1 - x_2 + 3x_3 + x_4 + x_5 \geqslant 3 \\ x_j \geqslant 0,\ j = 1,\ 2,\ \cdots,\ 5 \end{cases}$$

其对偶问题的最优解为 $y_1^* = \dfrac{4}{5}$，$y_2^* = \dfrac{3}{5}$，最优值为 $z^* = 5$。试用对偶理论找出原问题的最优解。

10. 已知线性规划问题

$$\max z = x_1 + x_2$$
$$\begin{cases} -x_1 + x_2 + x_3 \leqslant 2 \\ -2x_1 + x_2 - x_3 \leqslant 1 \\ x_1,\ x_2,\ x_3 \geqslant 0 \end{cases}$$

试用对偶理论证明上述线性规划问题无最优解。

第 4 章　运输问题

知识目标

了解运输问题的基本建模和特点；
掌握运输问题的表上作业法的求解步骤和方法；
掌握运输问题检验数求法和最优解的判定方法；
掌握运输问题的闭回路法和调整优化最优解的方法。

能力目标

知识获取能力：自主学习、独立思考、反复演练算法。
知识应用能力：能够应用所学知识解决运输类型的现实问题。
创新能力：能够应用所学知识设计研究其他复杂的运输类型优化问题。

本章内容要点

运输问题模型与有关概念、运输问题的求解——表上作业法、最小元素法、伏格尔(Vogel)法、运输问题应用——建模。

核心概念

运输问题、产销平衡、西北角法、最小元素法、运输表、闭回路法、位势法、伏格尔法。

引导案例

某公司从三个产地 A1，A2，A3 将物品运往四个销售地 B1，B2，B3，B4，各个产地的产量、各个销地的销量和各个产地运往各个销地的每件物品的运费如表 4-1 所示。

表 4-1　产销运费表

产地	销地				产量
	B1	B2	B3	B4	
A1	3	11	3	10	7
A2	1	9	2	8	4
A3	7	4	10	5	9
销量	3	6	5	6	20(产销平衡)

问：应该如何安排调运方案，可使总运输费用最小？

案例思考题：

上面的案例可建立线性规划模型，本案例建立的线性规划模型有什么特点？思考一下线性规划问题用单纯形法求解时，案例模型有什么缺陷？有没有其他简便的求解方法？接下来将引出表上作业法的求解基本思路和求解过程。

前两章讨论了一般线性规划问题的单纯形法。但在实际工作中，往往会碰到有些线性规划问题，它们的约束方程组的系数矩阵具有特殊的结构，这就有可能找到比单纯形法更为简便的求解方法，从而节约计算时间和费用。

本章讨论的运输问题就是属于这样一类特殊的线性规划问题，由于这类线性规划问题在结构上有其特殊性，可以用比单纯形法更有针对性，也更为简便的求解方法——表上作业法来求解。运输问题在实践中，特别是在管理领域有着广泛应用。

第 1 节　运输问题的数学模型

在经济建设中，经常碰到大宗物资调运问题。如煤、钢铁、木材、粮食等物资，在全国有若干生产基地，根据已有的交通网，如何制订调运方案，将这些物资运到各消费地点，总运费要最小。这个问题可用数学语言描述如下。

已知有 m 个生产地点 A_i，$i=1, 2, \cdots, m$，可供应某种物资，其供应量(产量)分别为 a_i，$i=1, 2, \cdots, m$，有 n 个销地 B_j，$j=1, 2, \cdots, n$，其销量分别为 b_j，$j=1, 2, \cdots, n$，从 A_i 到 B_j 运输单位物资的运价(单价)为 c_{ij}，这些数据可汇总于产销平衡表和单位运价表中，如表 4-2 和表 4-3 所示。有时可把这两表合二为一。

表 4–2　产销平衡表

产地	销地					产量
	B_1	B_2	B_3	…	B_n	
A_1						a_1
A_2						a_2
A_3						a_3
…						…
A_m						a_m
销量	b_1	b_2	b_3	…	b_n	

表 4–3　单位运价表

产地	销地					产量
	B_1	B_2	B_3	…	B_n	
A_1	c_{11}	c_{12}	c_{13}	…	c_{1n}	a_1
A_2	c_{21}	c_{22}	c_{23}	…	c_{2n}	a_2
A_3	c_{31}	c_{32}	c_{33}	…	c_{3n}	a_3
…			…			…
A_m	c_{m1}	c_{m2}	c_{33}	…	c_{mm}	a_m
销量	b_1	b_2	b_3	…	b_n	

若用 X_{ij} 表示从 A_i 到 B_j 的运量，那么在产销平衡的条件下，得到总运费最小的调运方案的数学模型为

$$\min z = \sum_{i=1}^{m}\sum_{j=1}^{n} c_{ij}x_{ij}$$

$$\begin{cases} \sum\limits_{i=1}^{m} x_{ij} = b_j,\ j = 1,\ 2,\ \cdots,\ n & (4\text{–}1) \\ \sum\limits_{j=1}^{n} x_{ij} = a_{ij},\ i = 1,\ 2,\ \cdots,\ m & (4\text{–}2) \\ x_{ij} \geqslant 0 \end{cases}$$

这就是运输问题的数学模型。它包含 $(m\times n)$ 个变量，$(m+n)$ 个约束方程，其系数矩阵的结构比较松散且特殊。

$$\begin{array}{c} \\ u_1 \\ u_2 \\ \vdots \\ u_m \\ v_1 \\ v_2 \\ \vdots \\ v_n \end{array}
\begin{array}{c}
\begin{array}{ccccccccccccc} x_{11} & x_{12} & \cdots & x_{1n} & x_{21} & x_{22} & \cdots & x_{2n} & \cdots & x_{m1} & x_{m2} & \cdots & x_{mn} \end{array} \\
\left[\begin{array}{ccccccccccccc}
1 & 1 & \cdots & 1 & & & & & & & & & \\
 & & & & 1 & 1 & \cdots & 1 & & & & & \\
 & & & & & & & & \ddots & & & & \\
 & & & & & & & & & 1 & 1 & \cdots & 1 \\
1 & & & & 1 & & & & \cdots & 1 & & & \\
 & 1 & & & & 1 & & & \cdots & & 1 & & \\
 & & \ddots & & & & \ddots & & \cdots & & & \ddots & \\
 & & & 1 & & & & 1 & \cdots & & & & 1
\end{array}\right]
\end{array}
\begin{array}{l} \left.\begin{array}{l} \\ \\ \\ \\ \end{array}\right\} m \\ \left.\begin{array}{l} \\ \\ \\ \\ \end{array}\right\} n \end{array}$$

该系数矩阵中对应于变量 X_{ij} 的系数向量 $\boldsymbol{P}_{ij}$，其分量中除第 i 个和第 $(m+j)$ 个为 1 以外，其余的都为零。即

$$\boldsymbol{P}_{ij}=(0,\ \cdots,\ 1,\ 0,\ \cdots,\ 0,\ 1,\ 0,\ \cdots,\ 0)^{\mathrm{T}}=e_i+e_{m+j}$$

对产销平衡的运输问题，有以下关系式存在

$$\sum_{j=1}^{n} b_j=\sum_{i=1}^{m}\left(\sum_{j=1}^{n} x_{ij}\right)=\sum_{j=1}^{n}\left(\sum_{i=1}^{m} x_{ij}\right)=\sum_{i=1}^{m} a_i$$

第 2 节　表上作业法

表上作业法是单纯形法在求解运输问题时的一种简化方法，其实质是单纯形法，但具体计算和术语有所不同，可归纳如下。

(1) 找出初始基可行解，即在产销平衡表上给出 $(m+n-1)$ 个数字格。

(2) 求各非基变量的检验数，即在表上计算空格的检验数，判别是否达到最优解。若已是最优解，则停止计算，否则转到下一步。

(3) 确定换入变量和换出变量，找出新的基可行解，在表上用闭回路法调整。

(4) 重复(2)和(3)直到得到最优解为止。

以上运算都可以在表上完成，下面通过例子说明表上作业法的计算步骤。

【例 4–1】某公司经销甲产品，下设三个加工厂。每日的产量分别是 7 t、4 t、9 t，该公司把这些产品分别运往 4 个销售点，各销售点每日销量为 3 t、6 t、5 t、6 t。已知从各加工厂到各销售点的单位产品运价如表 4–4 所示。问该公司应如何调运产品，在满足各销售点需要量的前提下，使总运费为最少。

解：先画出这个问题的单位运价表和产销平衡表，如表 4–4 和表 4–5 所示。

表 4–4　单位运价表

加工厂	销地			
	B_1	B_2	B_3	B_4
A_1	3	11	3	10
A_2	1	9	2	8
A_3	7	4	10	5

表 4–5　产销平衡表

产地	销地				产量
	B_1	B_2	B_3	B_4	
A_1					7
A_2					4
A_3					9
销量	3	6	5	6	

一、确定初始基可行解

与一般线性规划问题不同，产销平衡的运输问题总存在可行解。因此有

$$\sum_{i=1}^{m} a_i = \sum_{j=1}^{n} b_j = d$$

必存在 $x_{ij} \geqslant 0$，$i=1$，2，…，m，$j=1$，2，…，n，这就是可行解。又因 $0 \leqslant x_{ij} \leqslant \min(a_j, b_j)$，故运输问题必存在最优解。

确定初始基可行解的方法很多，有西北角法、最小元素法和伏格尔法。一般希望的方法是既简便，又尽可能接近最优解。下面介绍两种方法。

1. 西北角法

先从表 4-6 左上角(即西北角)的变量 x_{11} 开始分配运输量，并使 x_{11} 取尽可能大的值，即 $x_{11}=\min(7, 3)=3$，则 x_{21} 与 x_{31} 必为零。同时把 B_1 的销量与 A_1 的产量都减去 3 填入销量和产量处，划去原来的销量和产量。同理可得余下的初始基可行解，如表 4-7 所示。

表 4-6　单位运价及产销量

加工厂	销地				产量
	B_1	B_2	B_3	B_4	
A_1	3	11	3	10	7
A_2	1	9	2	8	4
A_3	7	4	10	5	9
销量	3	6	5	6	20

表 4-7　初始基可行解

加工厂	销地			
	B_1	B_2	B_3	B_4
A_1	3	4		
A_2		2	2	
A_3			3	6

2. 最小元素法

这个方法的基本思想是就近供应，即从单位运价表中最小的运价开始确定供销关系，然后次小，一直到给出初始基可行解为止。

以【例 4-1】为例，进行讨论。

第一步：从表 4-6 中找出最小运价为 1，这表示先将 A_2 的产品供应给 B_1。因 $a_2>b_1$，故 A_2 除满足 B_1 的全部需要外，还可多余 1 t 产品。在表 4-5 中的(A_2，B_1)的交叉格处填上 3。得表 4-8。将表 4-4 的 B_1 列运价划去，得表 4-9。

表 4-8 计算过程(一)

加工厂	销地				产量
	B_1	B_2	B_3	B_4	
A_1					7
A_2	3				4
A_3					9
销量	3	6	5	6	

表 4-9 计算过程(二)

加工厂	销地			
	B_1	B_2	B_3	B_4
A_1	3	11	3	10
A_2	1	9	2	8
A_3	7	4	10	5

第二步：在表 4-9 未划去的元素中再找出最小运价 2，确定 A_2 多余的 1 t 供应 B_3，并给出表 4-10 和表 4-11。

表 4-10 计算过程(三)

加工厂	销地				产量
	B_1	B_2	B_3	B_4	
A_1					7
A_2	3		1		4
A_3					9
销量	3	6	5	6	

表 4-11 计算过程(四)

加工厂	销地			
	B_1	B_2	B_3	B_4
A_1	3	11	3	10
A_2	1	9	2	8
A_3	7	4	10	5

第三步：在表 4-11 未划去的元素中再找出最小运价 3。这样一步步地进行下去，直到单位运价表上的所有元素划去为止，最后在产销平衡表上得到一个调运方案，如表 4-12所示，可知这个方案的总运费为 86 元。

表 4-12 计算结果

加工厂	销地				产量
	B_1	B_2	B_3	B_4	
A_1			4	3	7
A_2	3		1		4
A_3		6		3	9
销量	3	6	5	6	

用最小元素法给出的初始解是运输问题的基可行解，其理由如下。

(1)用最小元素法给出的初始解，是从单位运价表中逐次挑选最小元素，并比较产量和销量的过程。当产大于销，划去该元素所在列。当产小于销，划去该元素所在行。然后在未划去的元素中再找最小元素，再确定供应关系。这样在产销平衡表上每填入一个数字，在运价表上就划去一行或一列。表中共有 m 行 n 列，总共可划$(n+m)$条直线。但当表中只剩一个元素时，这时当在产销平衡表上填这个数字时，在运价表上同时划去一行和一列。此时把单价表上所有元素都划去了，相应地在产销平衡表上填了$(m+n-1)$个数字。即给出了$(m+n-1)$个基变量的值。

(2)这$(m+n-1)$个基变量对应的系数列向量是线性独立的。

证明：若表中确定的第一个基变量为它对应的系数列向量 $\boldsymbol{P}_{i_1j_1}=e_{i_1}+e_{m+j_1}$

当给定 $x_{i_1j_1}$ 的值后，将划去第 $i1$ 行或第 $j1$ 列，即其后的系数列向量中不再出现 e_{i1} 或 e_{m+j1}，因而 $\boldsymbol{P}_{i_1j_1}$ 不可能用解中的其他向量的线性组合表示。类似地给出第二个，…，第$(m+n-1)$个。这$(m+n-1)$个向量都不可能用解中的其他向量的线性组合表示。故这$(m+n-1)$个向量是线性独立的。

用最小元素法给出初始解时，有可能在产销平衡表上填入一个数字后，在单位运价表上同时划去一行和一列，这时就出现了退化。

遇到同时划去一行和一列的退化情形时，为了保证基变量的个数为$(m+n-1)$个，需要在同时划去的行和列中任选一个没有安排运输量的格，添加一个 0 上去，保证基变量的个数不缺少。

3. 伏格尔法

最小元素法的缺点是为了节省一处的费用，有时会造成在其他处要多花几倍的运费。伏格尔法考虑到，产地的产品假如不能按最小运费就近供应，就考虑次小运费，这就有一个差额。差额越大，说明不能按最小运费调运时，运费增加越多。因而差额最大处，就应当采用最小运费调运。

伏格尔法的步骤如下。

第一步：在表 4-4 中分别计算出各行和各列的最小运费和次小运费的差额，并填入该表的最右列和最下行，如表 4-13 所示。

表 4-13　单位运价及运费差额

加工厂	销地				行差额
	B_1	B_2	B_3	B_4	
A_1	3	11	3	10	0
A_2	1	9	2	8	1
A_3	7	4	10	5	1
列差额	2	5	1	3	

第二步：从行或列差额中选出最大者，选择它所在行或列中的最小元素。在表 4-13 中 B_2 列是最大差额所在列。B_2 列中最小元素为 4，可确定 A_3 的产品先供应 B_2 的需要，得表 4-14。

表 4-14　计算过程(一)

加工厂	销地				产量
	B_1	B_2	B_3	B_4	
A_1					7
A_2					4
A_3		6			9
销量	3	6	5	6	

同时将运价表中的 B_2 列数字划去，重新计算行列差和列列差，如表 4-15 所示。

表 4-15　计算过程(二)

加工厂	销地				产量
	B_1	B_2	B_3	B_4	
A_1	3	11	3	10	0
A_2	1	9	2	8	1
A_3	7	4	10	5	2
销量	2	5	1	3	

第三步：对表 4-15 中未划去的元素再分别计算出各行、各列的最小运费和次小运费的差额，并填入该表的最右列和最下行。重复第一步和第二步，直到给出初始解为止。用此法给出【例 4-1】的初始解，如表 4-16 所示。

表 4-16　计算结果

加工厂	销地				产量
	B_1	B_2	B_3	B_4	
A_1			5	2	7
A_2	3			1	4
A_3		6		3	9
销量	3	6	5	6	

由以上可见：伏格尔法同最小元素法除了在确定供求关系的原则上不同外，其余步骤相同。伏格尔法给出的初始解比用西北角法、最小元素法给出的初始解更接近最优解。

本小节中用伏格尔法给出的初始解就是最优解。

二、最优解的判别

判别的方法是计算空格（非基变量）的检验数 $C_{ij}-C_BB-1P_{ij}$，$i，j\in N$。因运输问题的目标函数是要求实现最小化，故当所有的 $C_{ij}-C_BB-1P_{ij}\geqslant 0$ 时，为最优解。下面介绍两种求空格检验数的方法。

1. 闭回路法

在给出调运方案的计算表（表 4-17）上，从每一空格出发找一条闭回路。它是以某空格为起点，用水平或垂直线向前划，当碰到任意数字格时，可以转 90°后，继续前进，直到回到起始空格为止。

表 4-17　调运方案计算表

加工厂	销地				产量
	B_1	B_2	B_3	B_4	
A_1			5	2	7
A_2	3			1	4
A_3		6		3	9
销量	3	6	5	6	

从每一空格出发一定存在且可以找到唯一的闭回路。因 $(m+n-1)$ 个数字格（基变量）对应的系数向量是一个基。任意空格（非基变量）对应的系数向量是这个基的线性组合。如 $\boldsymbol{P}_{ij}$，$i，j\in N$ 可表示为

$$
\begin{aligned}
\boldsymbol{P}_{ij} &= e_i + e_{m+j} \\
&= e_i + e_{m+k} - e_{m+k} + e_l - e_l + e_{m+s} - e_{m+s} + e_u - e_u + e_{m+j} \\
&= (e_i + e_{m+k}) - (e_l + e_{m+k}) + (e_l + e_{m+s}) - (e_u + e_{m+s}) + (e_u + e_{m+j}) \\
&= \boldsymbol{P}_{ik} - \boldsymbol{P}_{lk} + \boldsymbol{P}_{ls} - \boldsymbol{P}_{us} + \boldsymbol{P}_{uj}
\end{aligned}
$$

其中，$\boldsymbol{P}_{ik}$，$\boldsymbol{P}_{lk}$，$\boldsymbol{P}_{ls}$，$\boldsymbol{P}_{us}$，$\boldsymbol{P}_{uj}\in\boldsymbol{B}$。而这些向量构成了闭回路，如表 4-18 所示。

表 4-18　闭回路

$\boldsymbol{P}_{uj}$				$\boldsymbol{P}_{us}$
		$\boldsymbol{P}_{lk}$		$\boldsymbol{P}_{ls}$
$\boldsymbol{P}_{ij}$		$\boldsymbol{P}_{ik}$		

闭回路法计算检验数的经济解释为在已给出初始解的表 4-10 中，可从任意空格出发，如（A_1，B_1）。若让 A_1 的产品调运 1 t 给 B_1。为了保持产销平衡，就要依次作调整：在（A_1，B_3）处减少 1 t，（A_2，B_3）处增加 1 t，（A_2，B_1）处减少 1 t，即构成了以（A_1，B_1）空格为起点、其他为数字格的闭回路，如表 4-19 中的虚线所示。这张表中闭回路各顶点所在格的右上角数字是单位运价。

表 4-19　计算过程

加工厂	销地				产量
	B_1	B_2	B_3	B_4	
A_1	[3] (+1)	[11]	[3] 4 (−1)	[10]	7
A_2	[1] 3 (−1)	[9]	[ ] 1 (+1)	[8]	4
A_3	[7]	[4]	[10]	[5]	9
销量	3	6	5	6	

可见这调整的方案使运费增加，计算如下。

$$(+1)\times3+(-1)\times3+(+1)\times2+(-1)\times1=1(\text{元})$$

这表明若这样调整运量将增加运费。将 1 这个数填入(A_1，B_1)格，这就是检验数。按以上方法，可找出所有空格的检验数，如表 4-20 所示。

当检验数还存在负数时，说明原方案不是最优解，要继续改进。

表 4-20　检验数

空格	闭回路	检验数
(11)	(11)—(13)—(23)—(21)—(11)	1
(12)	(12)—(14)—(34)—(32)—(12)	2
(22)	(22)—(23)—(13)—(14)—(34)—(32)—(22)	1
(24)	(24)—(23)—(13)—(14)—(24)	−1
(31)	(31)—(34)—(14)—(13)—(23)—(21)—(31)	10
(33)	(33)—(34)—(14)—(13)—(33)	12

2. 位势法

用闭回路法求检验数时，需给每一空格找一条闭回路。当产销点很多时，这种计算很烦琐。下面介绍较为简便的方法——位势法。

设 u_1，u_2，…，u_m 和 v_1，v_2，…，v_n 是对应运输问题的($m+n$)个约束条件的对偶变量。$\boldsymbol{B}$ 是含有一个人工变量 x_a 的($m+n$)×($m+n$)初始基矩阵。人工变量 x_a 在目标函数中的系数 $c_a=0$，从线性规划的对偶理论可知：$\boldsymbol{C_B B}^{-1}=(u_1, u_2, \cdots, u_m; v_1, v_2, \cdots, v_n)$，而每个决策变量 x_{ij} 的系数向量 $\boldsymbol{P}_{ij}=e_i+e_{m+j}$，所以

$$\boldsymbol{C_B B}^{-1}\boldsymbol{P}_{ij}=u_i+v_j$$

于是检验数

$$\sigma_{ij}=c_{ij}-\boldsymbol{C_B B}^{-1}\boldsymbol{P}_{ij}=c_{ij}-(u_i+v_j)$$

由单纯形法得知所有基变量的检验数等于 0。

即

$$c_{ij}-(u_i+v_j)=0,\ i, j\in \boldsymbol{B}$$

因非基变量的检验数为 $\sigma_{ij}=c_{ij}-(u_i+v_j)$，$i, j\in N$，这就可以从已知的 u_i，v_j 值中

求得。这些计算可在表格中进行。以【例 4-1】为例说明。

第一步：按最小元素法给出表 4-12 的初始解，然后做表 4-19，即在对应表 4-12 的数字格处填入单位运价，如表 4-21 所示。

表 4-21　计算过程(一)

加工厂	销地				产量
	B_1	B_2	B_3	B_4	
A_1			4	3	7
A_2	3		1		4
A_3		6		3	9
销量	3	6	5	6	

第二步：将表 4-19 中的产量和销量分别替换为 u_i 和 v_j，在列中填入 u_i 值，在行中填入 v_j 值，得到表 4-22。

表 4-22　计算过程(二)

加工厂	销地				u_i
	B_1	B_2	B_3	B_4	
A_1			3	10	0
A_2	1		2		-1
A_3		4		5	-5
v_j	2	9	3	10	

先令 $u_1=0$，然后按 $u_i+v_j=c_{ij}$，i，$j\in B$ 相继确定 u_i，v_j。由表 4-22 可见，当 $u_1=0$ 时，由 $u_1+v_3=3$ 可得 $v_3=3$，由 $u_1+v_4=10$ 可得 $v_4=10$；当 $v_4=10$ 时，当 $u_3+v_4=5$ 可得 $u_3=-5$，以此类推可确定所有的 u_i，v_j 的数值。

第三步：按 $\sigma_{ij}=c_{ij}-(u_i+v_j)$，$i$，$j\in N$ 计算所有空格的检验数 σ_{ij}。如

$$\sigma_{11}=c_{11}-(u_1+v_1)=3-(0+2)=1$$

$$\sigma_{12}=c_{12}-(u_1+v_2)=11-(0+9)=2$$

这些计算可直接在表 4-18 上进行。为了计算方便，特设计计算表 4-23 如下。

表 4-23　计算表

加工厂	销地				u_i
	B_1	B_2	B_3	B_4	
A_1	3 1=3-(0+2)	11 2=11-(0+9)	3 0=3-(0+3)	10 0=10-(0+10)	0
A_2	1 0=1-(-1+2)	9 1=9-(-1+9)	2 0=2-(-1+3)	8 -1=8-(-1+10)	-1
A_3	7 10=7-(-5+2)	4 0=4-(-5+9)	10 12=10-(-5+3)	5 0=5-(-5+10)	-5
v_j	2	9	3	10	

表 4-23 中还有负检验数，说明未得最优解，还可以改进。若有两个和两个以上的负检验数时，一般选其中最小的负检验数，以它对应的空格为调入格，即以它对应的非基变量为换入变量。由表 4-23 得(2，4)为调入格。以此格为出发点，作一闭回路，如表 4-24 所示。

表 4-24 计算过程(三)

加工厂	销地				产量
	B_1	B_2	B_3	B_4	
A_1			4(+1)	3(−1)	7
A_2	3		1(−1)	(+1)	4
A_3		6		3	9
销量	3	6	5	6	

(2，4)格的调入量 θ 是选择闭回路上具有(−1)的数字格中的最小者，即 $\theta=\min(1,\ 3)=1$(其原理与单纯形法中按 θ 规划来确定换出变量相同)，然后按闭回路上的正、负号，通过加入和减去此值，得到调整方案，如表 4-25 所示。

表 4-25 计算过程(四)

加工厂	销地				产量
	B_1	B_2	B_3	B_4	
A_1			5	2	7
A_2	3			1	4
A_3		6		3	9
销量	3	6	5	6	

对表 4-23 给出的解，再用闭回路法或位势法求各空格的检验数，如表 4-26 所示。表中的所有检验数都非负，故表 4-25 中的解为最优解，这时得到的总运费最小是 85 元。

表 4-26 计算结果

加工厂	销地			
	B_1	B_2	B_3	B_4
A_1	0	2		
A_2		2	1	
A_3	9		12	

三、表上作业法计算中的问题

1. 无穷多最优解

在本章中提到，产销平衡的运输问题必定存在最优解。那么是有唯一最优解还是无穷多最优解，判别依据与线性规划单纯形表中的检验数判断相同(最小化)，即某个非基变量(空格)的检验数为 0 时，该问题有无穷多最优解。表 4-23 空格(1，1)的检验数是 0，表明【例 4-1】有无穷多最优解。可在表 4-22 中以(1，1)为调入格，作闭回路

(1，1)—(1，4)—(2，4)—(2，1)—(1，1)

可确定 $\theta=\min(2, 3)=2$。经调整后得到另一最优解，如表 4-27 所示。

表 4-27　调整后的另一最优解

加工厂	销地				产量
	B_1	B_2	B_3	B_4	
A_1	2		5		7
A_2	1			3	4
A_3		6		3	9
销量	3	6	5	6	

2. 退化

在用闭回路法调整时，在闭回路上出现两个和两个以上的具有(-1)标记的相等的最小值，这时只能选择其中一个作为调入格。而经调整后，得到退化解，这时另一个数字格必须填入一个 0，表明它是基变量。当出现退化解后，作改进调整时，可能在某闭回路上有标记为(-1)的取值为 0 的数字格，这时应取调整量 $\theta=0$。

第 3 节　运输问题应用举例

由于表上作业法的计算远比单纯形法简单得多，因此，在解决实际问题的时候，人们常常尽可能把某些线性规划问题转化为运输问题的数学模型。运输问题在实际中的应用包括产销不平衡的运输问题、生产与储存问题、转运问题、最大化的运输问题以及运输规划问题等。

一、产销不平衡的运输问题

【例 4-2】设有 A，B，C 三个化肥厂供应 1，2，3，4 四个地区的农用化肥。假设这些化肥在各地的使用效果相同，有关数据如表 4-28 所示。

表 4-28　化肥使用数据

项目	1	2	3	4	产量
A	16	13	22	17	50
B	14	13	19	15	60
C	19	20	23	—	50
最低需要量	30	70	0	10	
最高需要量	50	70	30	不限	

试求总费用为最低的化肥调拨方案。

分析：此例属于产销不平衡的运输问题，解此类问题首先要先转化为产销平衡问题，再使用表上作业法。

解：根据题意，可知产销不平衡(总产量为 160 t，最高需求量为 210 t)，销量>产量，因此需要增加虚拟的产地 D，转化为产销平衡的运输问题。建立产销平衡和运价表，如表 4-29 所示。

表 4-29　产销平衡和运价表

加工厂	销地						产量
	1′	2″	2	3	4′	4″	
A	16	16	13	22	17	17	50
B	14	14	13	19	15	15	60
C	19	19	20	23	M	M	50
D	M	0	M	0	M	0	50
销量	30	20	70	30	10	50	210

计算过程略。

二、生产与储存问题

【例 4-3】某厂按合同规定须于当年每个季度末分别提供 10，15，25，20 台同一规格的柴油机。已知该厂各季度的生产能力及生产每台柴油机的成本如表 4-30 所示。如果生产出来的柴油机当季不交货，每台每积压一个季度需储存、维护等费用 0. 15 万元。试求在完成合同的情况下，使该厂全年生产总费用最小的决策方案。

表 4-30　生产能力及生产成本

季度	生产能力/台	单位成本/万元
第一季度	25	10. 8
第二季度	35	11. 1
第三季度	30	11. 0
第四季度	10	11. 3

解法 1：设 x_{ij} 为第 i 季度生产的第 j 季度交货的柴油机数目，根据题意，可得约束条件如下。

合同要求

$$\begin{cases} x_{11} = 10 \\ x_{12} + x_{22} = 15 \\ x_{13} + x_{23} + x_{33} = 25 \\ x_{14} + x_{24} + x_{34} + x_{44} = 20 \end{cases}$$

$$x_{ij} \geqslant 0,\ i = 1,\ 2,\ \cdots,\ 4;\ j = 1,\ 2,\ \cdots,\ 4$$

产能限制

$$\begin{cases} x_{11}+x_{12}+x_{13}+x_{14}\leqslant 25\\ x_{22}+x_{23}+x_{24}\leqslant 35\\ x_{33}+x_{34}\leqslant 30\\ x_{44}\leqslant 10 \end{cases}$$

$$x_{ij}\geqslant 0,\ i=1,\ 2,\ \cdots,\ 4;\ j=1,\ 2,\ \cdots,\ 4$$

第 i 季度生产第 j 季度交货的每台柴油机的成本计算如下。

目标函数

$$\min z=10.8x_{11}+10.95x_{12}+11.1x_{13}+11.25x_{14}+11.1x_{22}+11.25x_{23}+11.4x_{24}+11x_{33}+11.15x_{34}+11.3x_{44}$$

解法 2：可以将第 i 季度生产的第 j 季度交货的单位成本视为运输的单价，可得产销平衡和运价表如表 4-31 所示。

表 4-31　产销平衡和运价表

项目		销量				产量
		第一季度	第二季度	第三季度	第四季度	
产能	第一季度	10.8	10.95	11.10	11.25	25
	第二季度		11.10	11.25	11.40	35
	第三季度			11.00	11.15	30
	第四季度				11.30	10
销量		10	15	25	20	

计算过程略。

三、转运问题

产地和销地之间没有直达线路，必须通过中转站完成运输；产地和销地之间虽然有直达线路，但运费比经过某些中转站还要高；某些产地既输出货物，也吸收货物；某些销地既吸收货物，又输出货物。可以看出产地或销地也可起到中转站的作用，或者既是产地又是销地。

解决转运问题需作如下假设：

(1) 根据具体问题求出最大可能的中转量 θ；

$$\theta=\max\left\{\sum_i a_i,\ \sum_j b_j\right\}$$

(2) 纯中转站可看作为一个输出量和输入量均为 θ 的一个产地和一个销地；

(3) 兼中转站的产地 A_i 可视为一个输入量为 θ 的销地和一个产量为 $a_{i+\theta}$ 的产地；

(4) 兼中转站的销地 B_j 可视为一个输出量为 θ 的产地和一个销量为 $b_{j+\theta}$ 的销地。

【例 4-4】腾飞电子仪器公司在大连和广州有两个分厂生产同一种仪器，大连分厂每月生产 400 台，广州分厂每月生产 600 台。该公司在上海和天津有两个销售公司负责南京、济南、南昌、青岛 4 个城市的仪器供应。另外因为大连距离青岛较近，公司同意大连分厂向青岛直接供货，运输费用如图 4-1 和图 4-2 所示，单位是百元。也可以用表格表示，如表 4-32 和表 4-33 所示。问：应该如何调运仪器，可使总运输费用最低？

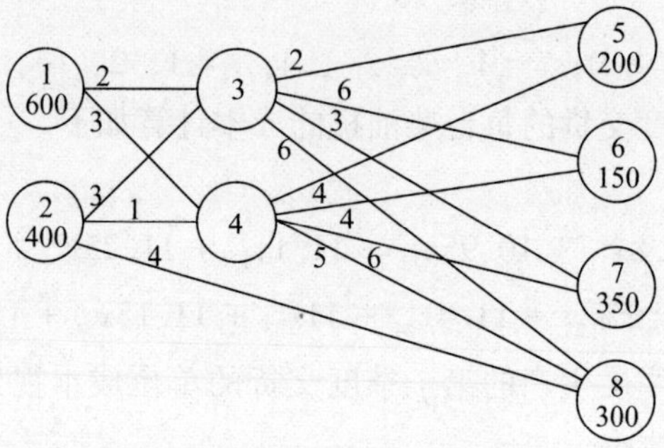

图 4-1　腾飞公司运输网络图

1—广州；2—大连；3—上海；4—天津；5—南京；6—济南；7—南昌；8—青岛

表 4-32　运费表

项目		产地		中转地		销地			
		1	2	3	4	5	6	7	8
产地	1	0	—	2	3	—	—	—	—
	2	—	0	3	1	—	—	—	4
中转地	3	2	3	0	—	2	6	3	6
	4	3	1	—	0	4	4	6	5
销地	5	—	—	2	4	0	—	—	—
	6	—	—	6	4	—	0	—	—
	7	—	—	3	6	—	—	0	—
	8	—	4	6	5	—	—	—	0

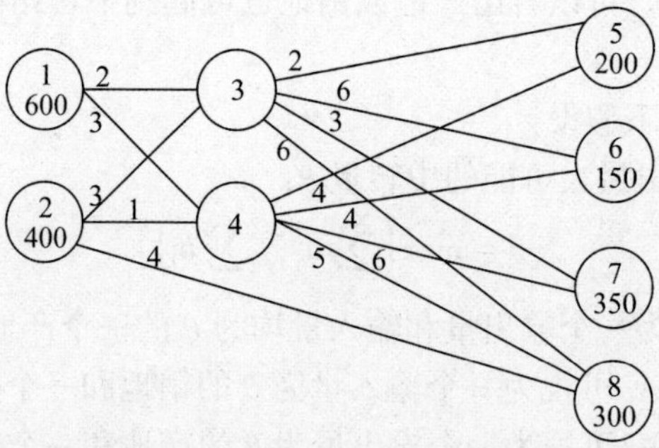

图 4-2　腾飞公司运输网络图

1—广州；2—大连；3—上海；4—天津；5—南京；6—济南；7—南昌；8—青岛

表 4-33　运费及产销情况

项目		产地		中转地		销地				产量
		1	2	3	4	5	6	7	8	
产地	1	0	M	2	3	M	M	M	M	600
	2	M	0	3	1	M	M	M	4	400
中转地	3	2	3	0	M	2	6	3	6	1 000
	4	3	1	M	0	4	4	6	5	1 000
销地	5	M	M	2	4	0	M	M	M	0
	6	M	M	6	4	M	0	M	M	0
	7	M	M	3	6	M	M	0	M	0
	8	M	4	6	5	M	M	M	0	0
销量		0	0	1 000	1 000	200	150	350	300	

四、最大化的运输问题

【例 4-5】某百货公司去外地采购 A，B，C，D 四种规格的服装，数量分别为 A——1 500 套，B——2 000 套，C——3 000 套，D——3 500 套。有三个城市可供应上述规格的服装，各城市供应数量分别为 Ⅰ——2 500 套，Ⅱ——2 500 套，Ⅲ——5 000 套。由于这些城市的服装质量、运价和销售情况不同，预计售出后的利润(单位为元/套)也不同，如表 4-34 所示。请帮助公司确定一个预期盈利最大的采购方案。

表 4-34　利润表

项目	A	B	C	D
Ⅰ	10	5	6	7
Ⅱ	8	2	7	6
Ⅲ	9	3	4	8

解：根据题意，可建立产销平衡和运价表，如表 4-35 所示。

表 4-35　产销平衡和运价表

项目	A	B	C	D	产量
Ⅰ	10	5	6	7	2 500
Ⅱ	8	2	7	6	2 500
Ⅲ	9	3	4	8	5 000
销量	1 500	2 000	3 000	3 500	

目标函数为

$$\max z = \sum_{i} \sum_{j} c_{ij} x_{ij}$$

令

$$b_{ij} = M - c_{ij}$$

$$M = \max\{c_{ij}\}$$

$$\begin{aligned}\sum_i \sum_j b_{ij}x_{ij} &= \sum_i \sum_j (M - c_{ij})x_{ij} \\ &= \sum_i \sum_j Mx_{ij} - \sum_i \sum_j c_{ij}x_{ij} \\ &= dM - \sum_i \sum_j c_{ij}x_{ij}\end{aligned}$$

$$\sum_i \sum_j x_{ij} = \sum_{i=1}^{m} a_i = \sum_{j=1}^{n} b_j = d \sum_i \sum_j b_{ij}x_{ij} = dM - \sum_i \sum_j c_{ij}x_{ij}$$

因此，求式(4-1)的最大值，如表 4-36 所示。

$$\max z = \sum_i \sum_j c_{ij}x_{ij} \tag{4-1}$$

就相当于求式(4-2)的最小值，如表 4-37 所示。

$$\min z' = \sum_i \sum_j b_{ij}x_{ij} \tag{4-2}$$

它们是等价的。

表 4-36　求最大值

项目	A	B	C	D	产量
Ⅰ	10	5	6	7	2 500
Ⅱ	8	2	7	6	2 500
Ⅲ	9	3	4	8	5 000
销量	1 500	2 000	3 000	3 500	

$M = \max\{c_{ij}\} = 10$

$d = 10\ 000$

表4-37　求最小值

项目	A	B	C	D	产量
Ⅰ	0	5	4	3	2 500
Ⅱ	2	8	3	4	2 500
Ⅲ	1	7	6	2	5 000
销量	1 500	2 000	3 000	3 500	

五、运输规划问题

【例 4-6】 某航运公司承担 6 个港口城市 A，B，C，D，E，F 的 4 条固定航线的物资运输任务。已知各条航线的起点、终点城市及每天航班数如表 4-38 所示。

表 4-38　航线及航班

航线	起点城市	终点城市	每天航班数/次
1	E	D	3

续表

航线	起点城市	终点城市	每天航班数/次
2	B	C	2
3	A	F	1
4	D	B	1

假定各条航线使用相同型号的船只，即各城市间的航程天数如表 4-39 所示。

表 4-39　航程天数

起点城市	终点城市					
	A	B	C	D	E	F
A	0	1	2	14	7	7
B	1	0	3	13	8	8
C	2	3	0	15	5	5
D	14	13	15	0	17	20
E	7	8	5	17	0	3
F	7	8	5	20	3	0

又知每条船只每次装、卸货的时间各需 1 天，则该航运公司至少应配备多少条船，才能满足所有航线的货运需求？

解：(1) 计算各航线所需要用于周转的船只数(载货船)，如表 4-40 所示。

表 4-40　周转船只

航线	起点	终点	装货天数/天	航行天数/天	卸货天数/天	总天数/天	航班数/次	需周转船只数/条
1	E	D	1	17	1	19	3	57
2	B	C	1	3	1	5	2	10
3	A	F	1	7	1	9	1	9
4	D	B	1	13	1	15	1	15

表 4-40 是硬性的需求，即必须满足的需求。

以上可知用于周转的船只数为 91 条。

(2) 计算各港口间用于调度的船只数(空船)。

从表 4-41 可以看出，A，B，E 港口缺船，而 C，D，F 港口有多余的船。所以，有多余船只的港口应该发一些船到缺船的港口，如表 4-41 所示。

表 4-41　调度船只

港口城市	每天到达船只数/条	每天离开船只数/条	每天余缺船只数/条
A	0	1	−1
B	1	2	−1

续表

港口城市	每天到达船只数/条	每天离开船只数/条	每天余缺船只数/条
C	2	0	2
D	3	1	2
E	0	3	-3
F	1	0	1

由于缺少船只的总数=多余船只的总数，因此，可以把它看成一个产销平衡的运输问题。

用于调度的船只数最少为 40 条。

(3)建立产销平衡和运价表，如表 4-42 所示，求解过程如表 4-43 所示。

表 4-42　产销平衡和运价表

港口	A	B	E	多余船只数/条
C	2	3	5	2
D	14	13	17	2
F	7	8	3	1
缺少船只数/条	1	1	3	

表4-43　求解过程表

港口	A	B	E	多余船只数/条
C	1		1	2
D		1	1	2
F			1	1
缺少船只数/条	1	1	3	

(4)用表上作业法求解。

由此可知，在不考虑维修、储备等情况下，该公司最少应该配备的船只数为

$$91+40=131(\text{条})$$

思考：通过计算已得出该公司最少应配备的船只数，试问：这些船应该如何进行具体的调度？

具体安排如下：

(1)载货船安排如表 4-44 所示。

表 4-44　载货船安排

航线	起点	装货日期	起航日期	到达日期	卸货日期	空船日期	终点
1	E	1(日)	2(日)	18(日)	19(日)	20(日)	D
2	B	15(日)	16(日)	18(日)	19(日)	20(日)	C

续表

航线	起点	装货日期	起航日期	到达日期	卸货日期	空船日期	终点
3	A	11(日)	12(日)	18(日)	19(日)	20(日)	F
4	D	5(日)	6(日)	18(日)	19(日)	20(日)	B

若没有调度船，则在第 20 日，各港口的空船数如表 4-45 所示。

表 4-45　空船数

A	B	C	D	E	F
−1	−1	2	2	−3	1

(2)调度船(空船)情况如表 4-46 所示。

表 4-46　调度船情况表

起点	起航日期	到达日期	空船待发	终点
C	18(日)	19(日)	20(日)	A
C	15(日)	19(日)	20(日)	E
D	7(日)	19(日)	20(日)	B
D	3(日)	19(日)	20(日)	E
F	17(日)	19(日)	20(日)	E

延伸阅读

砥砺前行谱新章　强国建设创新绩
——《2023 年交通运输行业发展统计公报》评读

2023 年是全面贯彻党的二十大精神的开局之年，全国交通运输系统以习近平新时代中国特色社会主义思想为指导，全面贯彻落实党中央、国务院决策部署，奋力加快建设交通强国，各项工作取得积极进展。最新发布的《2023 年交通运输行业发展统计公报》中的一组组数据鼓舞人心，描绘了一幅“流动的中国”的美好画卷。

1. 国家综合立体交通网加快完善

一是综合立体交通网加速成型。不断加强基础设施建设，交通固定资产投资规模连续 7 年保持在 3 万亿元以上，2023 年达到 3.9 万亿元，平均每天完成交通基础设施投资 107 亿元，创历史新高。综合交通网总里程超过 600 万 km，已建成全球最大的高速铁路网、高速公路网、邮政快递网和世界级港口群，航空航海通达全球。二是交通基础设施网络结构持续优化。全年新开通高铁 2 776 km，增加高速公路里程 6 394 km，增加万吨级泊位 127 个，货物吞吐量超过亿吨的港口达到 46 个，航空运输机场达到 259 座，城市轨道交通线网运营里程增加 604 km。三是乡村交通设施不断完善。积极服务乡村全面振兴，农村公路建设投资连续 7 年保持在 4 000 亿元以上规模，全年新改建农村公路里程达 18.8 万 km。年末农村公路里程 459.86 万 km。全国建制村实现全部通邮。

2. 交通运输装备结构持续优化

一是智慧绿色发展深入实施。2023 年年末，全国动车组辆数比上年末增加 1 674 辆。铁路电力机车占比达 65.3%、提高 0.9 个百分点，新能源车辆占公共汽电车的比重达 77.7%，提高 6.0 个百分点。全国已建成 18 座自动化集装箱码头，在建自动化集装箱码头

27 座，已建和在建数量均位居世界首位。全国机场场内电动车辆占比达 26.4%，旅客吞吐量 500 万人次以上机场辅助动力系统（auxiliary power unit，APU）替代设备使用率接近 100%。二是专业化水平不断提升。专用货车、牵引车、挂车占公路货物运输车辆比重分别提高 0.4、1.3 和 0.9 个百分点，水上运输船舶集装箱箱位增加 5.5 万标准箱。三是大型化发展持续推进。大型营运载货汽车平均吨位提高至 22.3 t/辆，营业性运输船舶平均净载重量增加 97 t/艘，国产首艘大型邮轮投入运行，C919 大飞机正式投入商业运行。

3. 运输服务能力持续提升

一是人员流动高效便捷。平均每天超过 1.6 亿人次跨区域人员出行，其中有 1 000 万人次乘坐火车出行、1.5 亿人次通过公路出行、70 万人次乘坐船舶出行、170 万人次乘坐飞机出行。城市内平均每天近 2.8 亿人次通过城市公共交通及出租汽车出行。二是货物运输繁忙且有序。平均每天运输 1.5 亿 t 货物，其中火车运输约 1 400 万 t、汽车运输 1.1 亿 t、船舶运输 2 500 万 t、飞机运输 2 万 t。每天收寄快递与包裹 4.5 亿件左右，其中快递 3.6 亿件。三是国际运输明显恢复。民航国际航线客运量比上年增长 1 461.7%。中欧班列全年开行 1.7 万列、发送 190 万标箱，比上年分别增长 6%、18%。港口外贸货物吞吐量、外贸集装箱吞吐量比上年分别增长 9.5%、5.0%。完成国际（港澳台地区）快递业务量 30.7 亿件，比上年增长 52.0%。回顾过去一年，面对外部环境的复杂性、严峻性、不确定性，全国交通运输系统克服困难与挑战，交通运输持续稳定恢复，跨区域人员流动量、货运量、港口货物吞吐量保持较快增长，交通固定资产投资规模保持高位。这些成绩的取得，根本在于习近平总书记领航掌舵，在于习近平新时代中国特色社会主义思想的科学指引，是以习近平同志为核心的党中央坚强领导的结果，是全国交通运输系统广大干部职工拼搏奉献、不懈奋斗的结果。让我们更加紧密地团结在以习近平同志为核心的党中央周围，坚持以习近平新时代中国特色社会主义思想为指导，紧紧围绕党的中心任务，着力推进交通运输高质量发展，奋力加快建设交通强国，努力当好中国式现代化的开路先锋，以交通运输高质量发展服务保障强国建设、民族复兴伟业。

本章学习小结

运输问题是一类特殊的线性规划问题，在工商管理领域有着广泛应用，也是目前企业提升核心竞争力、提高物流配送效率的热点问题。运输问题的模型在结构上有其自身特点，可以用比单纯形法更有针对性，也更为简便的表上作业法来求解。初始可行解的求解方法可以用西北角法、最小元素法和伏格尔法来确定。基本可行解的最优性检验原理与单纯形法一样，方法有闭回路法和位势法。其中闭回路法思路简单，含义清晰，可以与单纯形法检验数的概念建立直接联系；缺点是变量个数较多时，寻找闭回路和计算都比较麻烦。位势法计算相对简单，但是在含义的理解上较抽象。新的基本可行解的求解可以用于非基变量相关的闭回路上安排的调整来实现。其实求解的思路和实质与单纯形法是一样的。当所有的检验数都大于或者等于零时，求得运输问题的最小化函数的最优方案。

本章课程结合国家的交通强国规划发展案例，培养树立学生国家意识、全局意识、创新意识，引导树立科学家的思想，培养树立社会责任感，让知识学习和学生价值观的培养结合起来，达到立德树人的目标。

思考题

1. 运输问题的模型有哪些特征?
2. 简述西北角法求解运输问题的初始基本可行解的基本步骤。
3. 最小元素法的基本思想是什么?
4. 运输问题的检验数如何求出?
5. 简述位势法求解运输问题的检验数的基本原理、步骤和方法。
6. 如何将产销不平衡的运输问题转化为产销平衡的问题?
7. 简述运输问题用闭回路求出最优解的步骤和方法。

课后练习题

1. 安排一个使总运费最低的运输计划，并求出最低运费。

项目	运价	销地				产量
		B_1	B_2	B_3	B_4	
产地	A_1	6	11	10	9	50
	A_2	10	7	6	14	70
	A_3	12	8	8	11	30
需求量		30	40	50	30	

要求：先用最小元素法求出一个初始方案，再用闭回路法求检验数。如果不是最优解，改进为求最优解。

2. 给定下列运输问题(表中数据为产地 A_i 到销地 B_j 的单位运费):

项目	运价	销地				产量
		B_1	B_2	B_3	B_4	
产地	A_1	1	2	3	4	10
	A_2	8	7	6	5	80
	A_3	9	10	11	9	15
需求量		8	22	12	18	

(1)用最小元素法求初始运输方案，并写出相应的总运费；

(2)用(1)得到的基本可行解，继续迭代求该问题的最优解。

3. 下表是将产品从三个产地运往 4 个销地的运输费用表。

项目	运价	销地				产量
		B_1	B_2	B_3	B_4	
产地	A_1	9	12	9	6	50
	A_2	7	3	7	7	60
	A_3	6	5	9	11	50

续表

项目	运价	销地				产量
		B_1	B_2	B_3	B_4	
需求量		40	40	60	20	

(1)用最小元素法建立运输计划的初始方案；

(2)用位势法做最优解检验；

(3)求最优解和最优方案的运费。

4. 给定下列运输问题(表中数据为产地 A_i 到销地 B_j 的单位运费)：

项目	运价	销地				产量
		B_1	B_2	B_3	B_4	
产地	A_1	20	11	8	6	5
	A_2	5	9	10	2	10
	A_3	18	7	4	1	15
需求量		3	3	12	12	

(1)用最小元素法求初始运输方案，并写出相应的总运费；

(2)用(1)得到的基本可行解，继续迭代求该问题的最优解。

5. 某百货公司去外地采购 A，B，C，D 四种规格的服装，数量分别为 A——1 500 套、B——2 000 套、C——3 000 套、D——3 500 套，有三个城市可供应上述规格的服装，供应数量为Ⅰ——2 500 套、Ⅱ——2 500 套、Ⅲ——5 000 套。由于这些城市的服装质量、运价情况不一，运输成本(单位为元/套)也不一样，详见下表。

项目	A	B	C	D
Ⅰ	10	5	6	7
Ⅱ	8	2	7	6
Ⅲ	9	3	4	8

请帮助该公司确定一个成本最小的采购方案(用伏格尔法)。

6. 已知某运输问题如下(单位：百元/t)。

项目	运价	销地			产量
		B_1	B_2	B_3	
产地	A_1	3	7	2	18
	A_2	5	8	10	12
	A_3	9	4	5	15
需求量		16	12	17	

(1)求使总运费最小的调运方案，并写出最小运费(用伏格尔法)。

(2)该问题是否有多个最优调运方案？若没有，说明为什么；若有，请再求出一个最优调运方案。

7. 已知运输问题的产销平衡表与单位运价表如下表所示。

项目	甲	乙	丙	丁	产量
A	3	2	7	6	50
B	7	5	2	3	60
C	2	5	4	5	25
销量	60	40	20	15	

试用表上作业法求出最优解。

第 5 章　整数规划

知识目标

了解整数规划的概念和分类；
掌握整数规划的分支定界法的求解方法；
掌握指派问题的求解方法。

能力目标

知识获取能力：自主学习、独立思考、反复演练算法。
知识应用能力：能够应用所学知识解决整数规划类型的现实问题。
创新能力：能够应用所学知识设计研究其他整数规划类型的优化问题。

本章内容要点

本章主要介绍整数规划的概念、整数规划求解的分支定界法(branch and bound method)、整数规划问题的应用介绍、指派问题的概念、指派问题的假设、指派问题的求解方法——匈牙利法。

核心概念

整数规划、纯整数规划、混合整数规划、分支定界法、指派问题、匈牙利法。

第 1 节　整数规划问题的提出

在前面讨论的线性规划问题中，有些最优解可能是分数或小数，但对于某些具体问题，常有要求解答必须是整数的情形(称为整数解)。例如，所求解是机器的台数、完成工作的人数或装货的车数等，分数或小数的解就不合要求。为了满足整数解的要求，初看起来，似乎只要把已得到的带有分数或小数的最优解经过“舍入化整”就可以了。但这常常是不行的，因为化整后不见得是可行解；或虽是可行解，但不一定是最优解。因此，对求最优整数解的问题，有必要另行研究。这样的问题称为整数规划(integer programming，IP)，整数规划是最近几十年来发展起来的规划论中的一个分支。

在整数规划中，如果所有的变量都限制为(非负)整数，则称为纯整数规划(pure integer programming)或称为全整数规划(all integer programming)；如果仅一部分变量限制为整数，则称为混合整数规划(mixed integer programming)。整数规划的一种特殊情形是 0-1 规划，它的变量取值仅限于 0 或 1。本章最后讲到的指派问题就是一种特殊的 0-1 规划问题。

现举例说明用单纯形法求得的解不能保证是整数最优解。

【例 5-1】某厂拟用集装箱托运甲、乙两种货物，每箱的体积、质量、可获利润以及托运所受限制如表 5-1 所示。问：两种货物各托运多少箱，可获得利润最大?

表 5-1　货物情况及托运限制

货物	体积/(m^3·箱$^{-1}$)	质量/(kg·箱$^{-1}$)	利润/(百元·箱$^{-1}$)
甲	5	200	20
乙	4	500	10
托运限制	24 m^3	1 300 kg	

解：设 x_1, x_2 分别为甲、乙两种货物的托运箱数(当然都是非负整数)。这是一个纯整数规划问题，用数学式可表示为

$$\max z = 20x_1 + 10x_2 \quad (1)$$

$$\begin{cases} 5x_1 + 4x_2 \leqslant 24 & (2) \\ 2x_1 + 5x_2 \leqslant 13 & (3) \\ x_1,\ x_2 \geqslant 0 & (4) \\ x_1,\ x_2 \text{ 为整数} & (5) \end{cases} \tag{5-1}$$

它和线性规划问题的区别仅在于最后的条件(5)。现在暂不考虑这一条件，即解(1)~(4)(以下称这样的问题为与原问题相应的线性规划问题)，很容易求得最优解为

$$x_1 = 4.8,\ x_2 = 0,\ \max z = 96$$

但 4.8 是托运甲种货物的箱数，现在它不是整数，所以不符合条件(5)的要求。

是不是可以把所得的非整数的最优解经过“化整”就可得到符合条件(5)的整数最优解呢？如将($x_1 = 4.8, x_2 = 0$)凑整为($x_1 = 5, x_2 = 0$)，这样就破坏了条件(2)(关于体积的限制)，因而它不是可行解；如将($x_1 = 4.8, x_2 = 0$)舍去尾数 0.8，变为($x_1 = 4, x_2 = 0$)，这当然满足各约束条件，因而是可行解，但不是最优解，因为当 $x_1 = 4, x_2 = 0$ 时，$z = 80$。而当 $x_1 = 4, x_2 = 1$ 时(这也是可行解)，$z = 90$。

本例还可以用图解法来说明。如图 5-1 所示，非整数的最优解在 $C(4.8,\ 0)$ 点达到。图中画(+)号的点表示可行的整数解。凑整的(5，0)点不在可行域内，而 C 点又不符合条件(5)。为了满足题中要求，表示目标函数的 z 的等值线必须向原点平行移动，直

到第一次遇到带“+”号的 B 点($x_1 = 4$, $x_2 = 1$)为止。这样，z 的等值线就由 $z=96$ 变到 $z=90$，它们的差值 $\Delta z=96-90=6$ 表示利润的降低，这是由于变量的不可分性(装箱)所引起的。

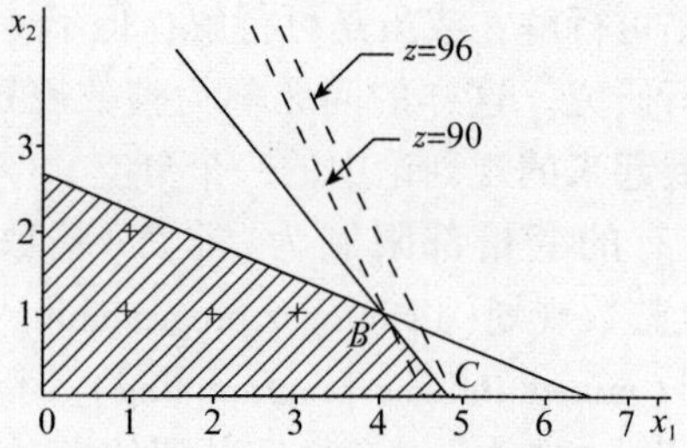

图 5-1　最优解示意图

由【例 5-1】看出，将其相应的线性规划的最优解“化整”来解原整数规划，虽是最容易想到的，但常常得不到整数规划的最优解，甚至根本不是可行解。因此有必要对整数规划的解法进行专门研究。

第 2 节　分支定界法

在求解整数规划时，如果可行域是有界的，首先容易想到的方法就是穷举变量的所有可行的整数组合，就像在图 5-1 中画出所有“+”号的点那样，然后比较它们的目标函数值以求出最优解。对于小规模的问题，变量数很少，可行的整数组合数也很小时，这个方法是可行的，也是有效的。

在【例 5-1】中，变量只有 x_1 和 x_2，由条件(2)可知，x_1 所能取的整数值为 0，1，2，3，4 共 5 个；由条件(3)可知，x_2 所能取的整数值为 0，1，2 共 3 个，它的组合(不都是可行的)数是 $3\times5=15$ 个，穷举法还是勉强可用的。对于大型的问题，可行的整数组合数是很大的。例如，在本章第 4 节的指派问题(这也是整数规划)中，将 n 项任务指派 n 个人去完成，不同的指派方案共有 $n!$ 种，当 $n=10$，这个数就超过 300 万；当 $n=20$，这个数就超过 2×10^{18}，如果一一计算，就是用每秒百万次的计算机，也要几万年的功夫，很明显，解这样的题，穷举法是不可取的。所以需要找到一个方法，只需检查可行的整数组合的一部分，就能定出最优的整数解。分支定界法就是这类方法中的一个。

分支定界法可用于解纯整数或混合的整数规划问题。在 20 世纪 60 年代初由 Land Doig 和 Dakin 等人提出。由于这种方法灵活且便于用计算机求解，所以现在它已是解整数规划的重要方法。

设有最大化的整数规划问题 A，与它相应的线性规划为问题 B，从解问题 B 开始，若其最优解不符合 A 的整数条件，那么 B 的最优目标函数值必是 A 的最优目标函数值 z^* 的上界，记作 $\bar{z}$；而 A 的任意可行解的目标函数值将是 z^* 的一个下界 $\underline{z}$。分支定界法就是将 B 的可行域分成子区域(称为分支)的方法，逐步减小 $\bar{z}$ 和增大 $\underline{z}$，最终求到 z^*。现用【例 5-2】来说明。

【例 5-2】 求解以下整数规划问题 A。

$$\max z = 40x_1 + 90x_2 \quad (1)$$

$$\begin{cases} 9x_1 + 7x_2 \leqslant 56 & (2) \\ 7x_1 + 20x_2 \leqslant 70 & (3) \\ x_1,\ x_2 \geqslant 0 & (4) \\ x_1,\ x_2 \text{ 为整数} & (5) \end{cases} \quad (5\text{-}2)$$

解：先不考虑条件(5)，即解相应的线性规划问题 B(1)～(4)(图 5-2)，得最优解 $x_1 = 4.81$，$x_2 = 1.82$，$z_0 = 356$。

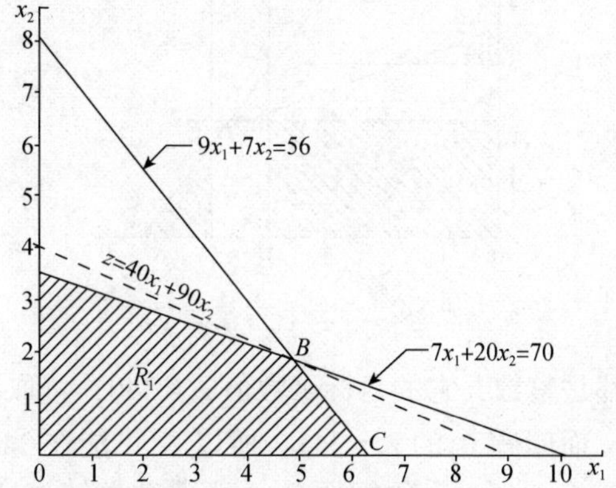

图 5-2　最优解示意图

可见它不符合整数条件(5)。这时 z_0 是问题 A 的最优目标函数值 z^* 的上界，记作 $z_0 = \bar{z}$。而在 $x_1 = 0$，$x_2 = 0$ 时，显然是问题 A 的一个整数可行解，这时 $z = 0$，是 z^* 的一个下界，记作 $\underline{z} = 0$，即 $0 \leqslant z^* \leqslant 356$。

分支定界法的解法，首先注意其中一个非整数变量的解，如在问题 B 的解中 $x_1 = 4.81$。于是对原问题增加两个约束条件 $x_1 \leqslant 4$ 和 $x_1 \geqslant 5$，可将原问题分解为两个子问题 B_1 和 B_2(两支)，给每支增加一个约束条件，如图 5-3 所示。这并不影响问题 A 的可行域，不考虑整数条件解问题 B_1 和 B_2，称此为第一次迭代，得到最优解，如表 5-2 所示。

表 5-2　第一次迭代最优解

问题 B_1	问题 B_2
$z_1 = 349$	$z_2 = 341$
$x_1 = 4.00$	$x_1 = 5.00$
$x_2 = 2.10$	$x_2 = 1.57$

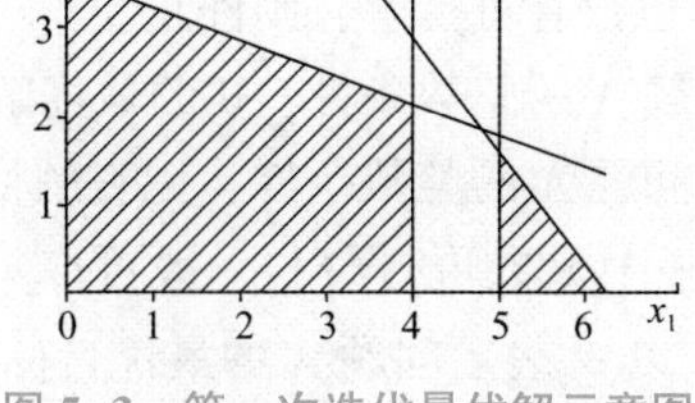

图 5-3　第一次迭代最优解示意图

显然，仍没有得到全部变量是整数的解。因 $z_1 > z_2$，故 $\bar{z}$ 将改为 349，那么必存在最优整数解，得到 z^*，并且 $0 \leqslant z^* \leqslant 349$，继续对问题 B_1 和 B_2 进行分解。因 $z_1 > z_2$，故先分解 B_1 为两支。增加条件 $x_2 \leqslant 2$，称为问题 B_3；增加条件 $x_2 \geqslant 3$，称为问题 B_4。相当于在图 5-3 中再去掉 $x_2>2$ 与 $x_2<3$ 之间的区域，如图 5-4 所示，进行第二次迭代。

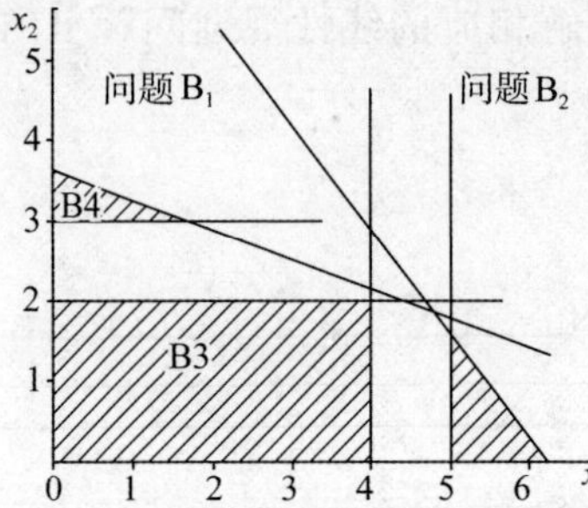

图 5-4 第二次迭代最优解示意图

可见问题 B_3 的解已都是整数，它的目标函数值 $z_3 = 340$，可取为 $\underline{z}$，而它大于 $z_4 = 327$，所以再分解 B_4 已无必要。而问题 B_2 的 $z_2 = 341$，所以 z^* 可能在 $340 \leqslant z^* \leqslant 341$ 之间有整数解，于是对 B_2 分解，如图 5-5 所示，得问题 B_5，既非整数解，且 $z_5 = 308 < z_3$，问题 B_6 为无可行解。于是可以断定

$$z_3 = \underline{z} = z^* = 340$$

问题 B_3 的解 $x_1 = 4.00$，$x_2 = 2.00$ 为最优整数解。

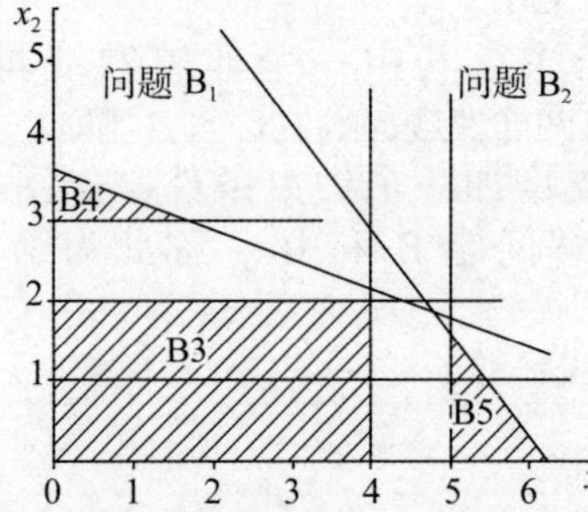

图 5-5 最优解结果示意图

整个解题的思路如图 5-6 所示。

从以上解题过程可得到用分支定界法求解整数线性规划(最大化)问题的步骤如下。

将要求解的整数线性规划问题称为问题 A，将与它相应的线性规划问题称为问题 B。

(1)解问题 B，可能得到以下情况之一。

1) B 没有可行解，这时 A 也没有可行解，则停止。

2) B 有最优解，并符合问题 A 的整数条件，B 的最优解即为 A 的最优解，则停止。

3) B 有最优解，但不符合问题 A 的整数条件，记它的目标函数值为 $\bar{z}$。

(2)用观察法找问题 A 的一个整数可行解，一般可取 $x_j = 0$，$j = 1, 2, \cdots, n$，试探，求得其目标函数值，并记作 $\underline{z}$。以 z^* 表示问题 A 的最优目标函数值；这时有 $\underline{z} \leqslant z^* \leqslant \bar{z}$，进行迭代。

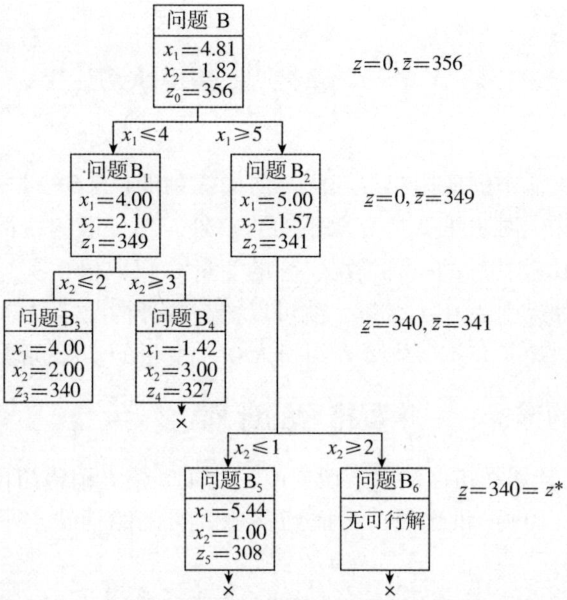

图 5-6　解题思路

第一步：分支。在 B 的最优解中任选一个不符合整数条件的变量 x_j，其值为 b_j，以 $[b_j]$ 表示小于 b_j 的最大整数。构造两个约束条件

$$x_j \leqslant [b_j] \text{ 和 } x_j \geqslant [b_j]+1$$

将这两个约束条件，分别加入问题 B，求两个后继规划问题 B_1 和 B_2。不考虑整数条件求解这两个后继问题。

定界，以每个后继问题为一分支标明求解的结果，与其他问题的解的结果中，找出最优目标函数值最大者作为新的上界 $\bar{z}$。从已符合整数条件的各分支中，找出目标函数值为最大者作为新的下界 $\underline{z}$，若无可行解，$\underline{z}=0$。

第二步：比较与剪支。各分支的最优目标函数中若有小于 $\underline{z}$ 者，则剪掉这支(用打×表示)，即以后不再考虑了。若大于 $\underline{z}$，且不符合整数条件，则重复第一步骤。一直到最后得到 $z^*=\underline{z}$ 为止，得最优整数解 x_j^*，$j=1, 2, \cdots, n$。

用分支定界法可解纯整数规划问题和混合整数规划问题。它比穷举法优越。因为它仅在一部分可行解的整数解中寻求最优解，计算量比穷举法小。若变量数目很大，其计算工作量也是相当可观的。

除了分支定界法，求解整数规划问题还有其他方法，如戈莫里(Gomory)在 1958 年提出的割平面法，它通过添加割平面来逐步缩小可行解空间，直到找到最优解；还有用于求解 0-1 规划的隐枚举法，它通过枚举所有可能的整数解来寻找最优解，虽然可以保证找到最优解，但计算复杂度很高，只适用于小规模问题；另外，在过去的几十年也出现了一些启发式算法，如遗传算法、模拟退火算法、粒子群算法等，通过模拟生物进化、物理过程等方式来搜索整数规划问题的最优解；当然，随着计算机技术的发展，有很多软件也能够帮助完成整数规划的复杂运算。不同的方法适用于不同类型的整数规划问题，可以根据具体问题的特点选择合适的方法进行求解，同学们可自行研究，此处不再介绍。

第3节　整数规划的应用

整数规划在现实生活中的应用非常广泛，前面提到的【例5-1】只是其最普通的应用，从例题中可以看出，除了对决策变量有取整的要求外，与一般的线性规划问题基本一致。而0-1型整数规划是比较特殊的一种情况，它的变量 x_i 仅取值0或1，这时 x_i 称为0-1变量。在实际问题中，如果引入0-1变量，就可以把有各种情况需要分别讨论的线性规划问题统一在一个问题中讨论了。本节主要介绍引入0-1变量的实际问题。

一、投资场所的选择——相互排斥的计划

【例5-3】某公司计划在市区的东、西、南、北4区建立销售门市部，拟议中有10个位置 $A_i(i=1, 2, \cdots, 10)$ 可供选择，考虑到各地区居民的消费水平及居民居住密集度，规定：

在东区由 A_1，A_2，A_3 三个点中至多选择两个；

在西区由 A_4，A_5 两个点中至少选一个；

在南区由 A_6，A_7 两个点中至少选一个；

在北区由 A_8，A_9，A_{10} 三个点中至少选两个。

A_i 各点的设备投资及每年可获利润由于地点不同都是不一样的，预测情况如表5-3所示(单位：万元)，但投资总额不能超过720万元。问：应选择哪几个销售点，可使年利润最大?

表5-3　利润及投资预测

项目	A_1	A_2	A_3	A_4	A_5	A_6	A_7	A_8	A_9	A_{10}
投资额	100	120	150	80	70	90	80	140	160	180
利润	36	40	50	22	20	30	25	48	58	61

解：先引入0-1变量 $x_i(i=1, 2, \cdots, 10)$，令

$$x_i=\begin{cases}0，当 A_i 点没有被选用\\1，当 A_i 点被选用\end{cases}，i=1, 2, \cdots, 10$$

于是可以建立如下的数学模型。

$$\max z=36x_1+40x_2+50x_3+22x_4+20x_5+30x_6+25x_7+48x_8+58x_9+61x_{10}$$

$$\begin{cases}x_1+x_2+x_3\leqslant 2 & (东区)\\x_4+x_5\geqslant 1 & (西区)\\x_6+x_7\geqslant 1 & (南区)\\x_8+x_9+x_{10}\geqslant 2 & (北区)\\100x_1+120x_2+150x_3+80x_4+70x_5+90x_6+80x_7+140x_8+160x_9+180x_{10}\leqslant 720\\x_i\geqslant 0 且为0\text{-}1变量，i=1, 2, \cdots, 10\end{cases}$$

二、相互排斥的约束条件

在本章开始的【例 5-1】中，关于运货的体积限制为

$$5x_1+4x_2\leqslant 24$$

设运货有汽运和船运两种方式，上面的条件是用汽运时的限制条件，如用船运时关于体积的限制条件为

$$7x_1+3x_2\leqslant 45$$

只能选择一种运货方式，这两个条件就是相互排斥的。为了统一在一个问题中，引入 0-1 变量 y，令

$$y=\begin{cases}0, & \text{当采取汽运方式}\\1, & \text{当采取船运方式}\end{cases}$$

于是有

$$\begin{cases}5x_1+4x_2\leqslant 24+yM & (5\text{-}3)\\7x_1+3x_2\leqslant 45+(1-y)M & (5\text{-}4)\end{cases}$$

其中，M 是一个任意大的正数。可以验证，当 $y=0$ 时，真正起作用的是式(5-3)，而其对应的正好是汽运的限制条件；当 $y=1$ 时，真正起作用的则是式(5-4)，也正好对应的是船运的限制条件。引入的变量 y 不必出现在目标函数内，即认为在目标函数中 y 的系数为 0。

如果有 m 个相互排斥的约束条件(≤型)

$$a_{i1}x_1+a_{i2}x_2+\cdots+a_{in}x_n\leqslant b_i,\ i=1,\ 2,\ \cdots,\ m$$

为了保证这 m 个约束条件只有一个起作用，可以引入 m 个 0-1 变量 $y_i(i=1,\ 2,\ \cdots,\ m)$ 和一个任意大的正数 M，而下面这组 $(m+1)$ 个约束条件

$$\begin{cases}a_{i1}x_1+a_{i2}x_2+\cdots+a_{in}x_n\leqslant b_i+y_iM\\y_1+y_2+\cdots+y_m=m-1\end{cases},\ i=1,\ 2,\ \cdots,\ m$$

就符合上述的要求了。这是由于 m 个 y_i 中只有一个能取 0 值，设 $y_{i*}=0$，就只有 $i=i^*$ 的约束条件起作用，而别的公式都是多余的。

三、固定成本问题

在讨论线性规划时，有些问题是要求使成本为最小，但有些固定成本的问题不能用一般线性规划来描述，而是改变为混合整数规划来解决，如【例 5-4】。

【例 5-4】 某公司制造小、中、大三种尺寸的金属容器，所用资源为金属板、劳动力和机器设备，制造一个容器所需的各种资源的数量、资源的限制如表 5-4 所示。不考虑固定费用，每种容器售出一只所得的利润分别为 4 万元、5 万元、6 万元。此外，只要容器被生产制造了，都要支付一笔固定的费用：小号是 100 万元，中号为 150 万元，大号为 200 万元。现要制定一个生产计划，使获得的利润最大。

表 5-4　生产资源情况表

项目	小号容器	中号容器	大号容器	拥有资源
金属板/t	2	4	8	500
劳动力/人	2	3	4	300
机器设备/台	1	2	3	100

解：由于利润主要来源于金属容器的生产，因此设 x_1，x_2，x_3 分别为小号、中号和大号容器的生产数量，且该数量的取值为整数。

各种容器的固定费用只有在生产该容器时才投入，为了说明这种性质，引入 0-1 变量 y_i

$$y_i=\begin{cases}0，当不生产第\ i\ 种容器时，即\ x_i=0\\1，当生产第\ i\ 种容器时，即\ x_i>0\end{cases}$$

这样，扣除了固定费用后的最大利润就可以表示为

$$\max z=4x_1+5x_2+6x_3-100y_1-150y_2-200y_3$$

即为该问题的目标函数。

约束条件首先可以写出受金属板、劳动力以及机器设备等资源限制的三个不等式

$$\begin{cases}2x_1+4x_2+8x_3\leqslant 500\\2x_1+3x_2+4x_3\leqslant 300\\x_1+2x_2+3x_3\leqslant 100\end{cases}$$

然后，为了避免出现某种容器不投入固定费用就生产的不合理情况，必须加上约束条件

$$\begin{cases}x_1\leqslant y_1M\\x_2\leqslant y_2M\\x_3\leqslant y_3M\end{cases}$$

其中，M 是个任意大的正数。以上这组约束条件说明，当 $x_i>0$ 时，y_i 必须为 1；当 $x_i=0$ 时，只有 y_i 为 0 时才有意义。综上所述，得到此问题的数学模型如下。

$$\max z=4x_1+5x_2+6x_3-100y_1-150y_2-200y_3$$

$$\begin{cases}2x_1+4x_2+8x_3\leqslant 500\\2x_1+3x_2+4x_3\leqslant 300\\x_1+2x_2+3x_3\leqslant 100\\x_1\leqslant y_1M\\x_2\leqslant y_2M\\x_3\leqslant y_3M\\x_1，x_2，x_3\geqslant 0\ 且为整数，y_1，y_2，y_3\ 为\ 0\text{-}1\ 变量\end{cases}$$

四、背包问题

背包问题是一个典型的组合优化问题，可以描述为给定一组物品，每种物品都有自己的质量和价值，在限定的总质量内，如何选择才能使得物品的总价值最高。根据物品的总件数，可以将其分为三类：基础背包问题、完全背包问题、多重背包问题。基础背包问题是指每种物品仅有一件，选择放或者不放；完全背包问题是指每种物品有无限件；多重背包问题是指每种物品有固定的件数，不仅需要决定放或者不放，还需要选择放几件。

【例 5-5】有一个容量为 b 的背包和 n 种物品，第 i 种物品的总件数为 s_i，质量为 c_i，

价值为 w_i。求将哪些物品装入背包可使这些物品的质量总和不超过背包容量限制，且价值总和最大。

解：设 x_i 表示第 i 种物品选择的件数，根据题意所求问题归结为如下整数规划的数学模型。

$$\min f=\sum_{i=1}^{n} w_i x_i$$

$$\begin{cases}\sum_{i=1}^{n} c_i x_i \leqslant b \\ 0 \leqslant x_i \leqslant s_i \text{ 且为整数，} i=1,\ 2,\ \cdots,\ n\end{cases}$$

这是一个最普通的背包问题，真实情况可能复杂得多，比如背包混合、二维背包、分组背包问题等。背包问题还有比较多的变形和限制，如物品之间的依赖情况、排斥情况等。此外，背包问题的应用还体现在生产生活的各个方面，如寻找最少浪费的方式来削减原材料、选择投资和投资组合等，这就需要在日常生活中善于积累，懂得变通。

其实，整数规划不仅在工业、商业等经济领域中有很多应用，而且还与图论、统计、深度学习等其他学科有很多联系，这就需要同学们在生活中善于发现、善于积累，真真正正地将理论与实际紧密结合。

第 4 节　指派问题

一、指派问题的形式表述

在生活中经常遇到这样的问题，某单位需完成 n 项任务，恰好有 n 个人可承担这些任务。由于每人的专长不同，各人完成任务不同(或所费时间)、效率也不同，于是产生应指派哪个人去完成哪项任务，使完成 n 项任务的总效率最高(或所需总时间最小)的问题。这类问题称为指派问题或分派问题(Assignment Problem)。

【例 5-6】 有一份中文说明书，需译成英、日、德、俄 4 种文字。分别记作 E，J，G，R。现有甲、乙、丙、丁 4 人。他们将中文说明书翻译成不同语种的说明书所需时间(单位为 h)如表 5-5 所示。问：应指派何人去完成何工作，使所需总时间最少？

表 5-5　翻译耗时表

单位：h

人员	E	J	G	R
甲	2	15	13	4
乙	10	4	14	15
丙	9	14	16	13
丁	7	8	11	9

类似地，有 n 项加工任务，怎样指派到 n 台机床上分别完成的问题；有 n 条航线，怎样指定 n 艘船去航行的问题等。对应每个指派问题，需有类似表 5-5 那样的数表，称为效

率矩阵或系数矩阵，其元素 $c_{ij}>0$（i，$j=1$，2，…，n）表示指派第 i 人去完成第 j 项任务时的效率(或时间、成本等)。解题时需引入变量 x_{ij}，其取值只能是 0 或 1，并令

$$x_{ij}=\begin{cases}0，当不指派第\ i\ 人去完成第\ j\ 项任务时，\\ 1，当指派第\ i\ 人去完成第\ j\ 项任务时\end{cases}$$

则指派问题模型的标准形式为

$$\min f=\sum_i\sum_j c_{ij}x_{ij}$$

$$\begin{cases}\sum_i x_{ij}=1，j=1，2，\cdots，n\\ \sum_j x_{ij}=1，i=1，2，\cdots，n\\ x_{ij}=0\ 或\ 1\end{cases}$$

第一组约束条件说明，第 j 项任务只能由 1 人去完成；第二组约束条件说明，第 i 人只能完成 1 项任务。满足约束条件的可行解 x_{ij} 也可写成表格或矩阵形式，称为解矩阵。

由此，【例 5-6】完整的数学模型可以表示为

$$\min f=2x_{11}+15x_{12}+13x_{13}+4x_{14}+10x_{21}+4x_{22}+14x_{23}+15x_{24}+$$
$$9x_{31}+14x_{32}+16x_{33}+13x_{34}+7x_{41}+8x_{42}+11x_{43}+9x_{44}$$

$$\begin{cases}x_{11}+x_{12}+x_{13}+x_{14}=1\\ x_{21}+x_{22}+x_{23}+x_{24}=1\\ x_{31}+x_{32}+x_{33}+x_{34}=1\\ x_{41}+x_{42}+x_{43}+x_{44}=1\\ x_{11}+x_{21}+x_{31}+x_{41}=1\\ x_{12}+x_{22}+x_{32}+x_{42}=1\\ x_{13}+x_{23}+x_{33}+x_{43}=1\\ x_{14}+x_{24}+x_{34}+x_{44}=1\\ x_{ij}=0\ 或\ 1\end{cases}$$

指派问题是 0-1 规划的特例，也是运输问题的特例，即 $m=n$，$a_i=b_j=1$，当然也可用表上作业法去求解，但这就如同用单纯形法求解运输问题一样是不合算的。通过利用指派问题的特点，可以得到更简便的解法。指派问题的最优解有这样的性质：若从系数矩阵 (c_{ij}) 的一行(列)各元素中分别减去该行(列)的最小元素，得到新矩阵 (b_{ij})，那么以 (b_{ij}) 为系数矩阵求得的最优解和用原系数矩阵求得的最优解相同。

利用这个性质，可使原系数矩阵变换为含有很多 0 元素的新系数矩阵，而最优解保持不变，在系数矩阵 (b_{ij}) 中，位于不同行不同列的 0 元素，简称为独立的 0 元素。若能在系数矩阵 (b_{ij}) 中找出 n 个独立的 0 元素，则令解矩阵 (x_{ij}) 中对应这 n 个独立的 0 元素的元素取值为 1，其他元素取值为 0。这就是以 (b_{ij}) 为系数矩阵的指派问题的最优解，也就得到了原问题的最优解。

二、指派问题的假设

(1)被指派者的数量和任务的数量是相同的；

(2) 每一个被指派者只完成一项任务；

(3) 每一项任务只能由一个被指派者来完成；

(4) 每个被指派者和每项任务的组合有一个相关成本；

(5) 目标是要确定怎样进行指派才能使得总成本最小。

三、指派问题的匈牙利解法

解决指派问题的方法很多，可以按照上面所述建立起 0-1 整数线性规划模型进行求解，但是比较麻烦，因此想到能否有较为简单的办法求解。目前学术界比较推崇和认可的方法是匈牙利数学家的方法，因此称为匈牙利解法。匈牙利解法的步骤如下。

第一步：变换指派问题的系数矩阵(c_{ij})，使每行、每列都出现 0 元素。

具体做法：从系数矩阵(c_{ij})的每行(列)减去该行(列)的最小元素，再从所得矩阵的各列(行)减去该列(行)的最小元素，得到一个新的系数矩阵。

第二步：对新的系数矩阵找不同行、不同列的 0 元素。

具体做法：从含 0 元素最少的行开始，圈出此行的一个 0 元素，记作◎。同时划去与该 0 元素同行或同列的其他 0 元素，记作 ϕ。然后对余下部分重复这一做法(已划去的 0 元素不再考虑)，直到查完各行。

(1) 若◎元素的数目 m 等于矩阵的阶数 n，那么这个指派问题的最优解已得到，计算终止。

(2) 若 $m<n$，则转入第三步。

第三步：作最少的直线覆盖所有零元素。具体做法如下。

(1) 对没有◎的行打√号；

(2) 对已打√号的行中所有含 ϕ 元素的列打√号；

(3) 对打√号的列中含◎的行打√号；

(4) 重复步骤(2)、步骤(3)直到得不出新的打√号的行、列为止；

(5) 对没有打√号的行画横线，对打√号的列画纵线，这就得到覆盖所有零元素的最少直线数。

第四步：变换系数矩阵，得出新的 0 元素。

具体做法：从未被直线覆盖的部分找出最小元素，然后在打√号行的各元素都减去这个最小元素，而在打√号列的各元素都加上这个最小元素，得出新的系数矩阵(它的最优解和原问题相同)，转回第二步。若得到最优解则计算结束，否则再进入第三步重复运算。

现在用匈牙利法求出【例 5-6】的最优解。

解：

第一步：变换指派问题的系数矩阵(c_{ij})，使每行、每列都出现 0 元素。

$$\begin{bmatrix} 2 & 15 & 13 & 4 \\ 10 & 4 & 14 & 15 \\ 9 & 14 & 16 & 13 \\ 7 & 8 & 11 & 9 \end{bmatrix} \begin{matrix} -2 \\ -4 \\ -9 \\ -7 \end{matrix} \rightarrow \begin{matrix} \begin{bmatrix} 0 & 13 & 11 & 2 \\ 6 & 0 & 10 & 11 \\ 0 & 5 & 7 & 4 \\ 0 & 1 & 4 & 2 \end{bmatrix} \\ \quad\quad\quad -4 \;\; -2 \end{matrix} \rightarrow \begin{bmatrix} 0 & 13 & 7 & 0 \\ 6 & 0 & 6 & 9 \\ 0 & 5 & 3 & 2 \\ 0 & 1 & 0 & 0 \end{bmatrix}$$

第二步：对新的系数矩阵找不同行、不同列的0元素。

$$\begin{bmatrix} \phi & 13 & 7 & \circledcirc \\ 6 & \circledcirc & 6 & 9 \\ \circledcirc & 5 & 3 & 2 \\ \phi & 1 & \circledcirc & \phi \end{bmatrix}$$

此时◎元素共有4个，恰好等于系数矩阵的阶数，即 $m=n=4$，因此计算终止并得到最优解为

$$(x_{ij})=\begin{bmatrix} 0 & 0 & 0 & 1 \\ 0 & 1 & 0 & 0 \\ 1 & 0 & 0 & 0 \\ 0 & 0 & 1 & 0 \end{bmatrix}$$

这表示最优的指派方案为甲翻译俄文，乙翻译日文，丙翻译英文，丁翻译德文。此时所需的总时间最少，具体为 $\min f=c_{14}+c_{22}+c_{31}+c_{43}=28(\mathrm{h})$。

【例5-7】求表5-6所示效率矩阵的指派问题的最小解。

表5-6 效率矩阵

	A	B	C	D	E
甲	12	7	9	7	9
乙	8	9	6	6	6
丙	7	17	12	14	9
丁	15	14	6	6	10
戊	4	10	7	10	9

解：按照上述第一步和第二步，将原系数矩阵进行变换，过程如下。

$$\begin{bmatrix} 12 & 7 & 9 & 7 & 9 \\ 8 & 9 & 6 & 6 & 6 \\ 7 & 17 & 12 & 14 & 9 \\ 15 & 14 & 6 & 6 & 10 \\ 4 & 10 & 7 & 10 & 9 \end{bmatrix} \to \begin{bmatrix} 5 & 0 & 2 & 0 & 2 \\ 2 & 3 & 0 & 0 & 0 \\ 0 & 10 & 5 & 7 & 2 \\ 9 & 8 & 0 & 0 & 4 \\ 0 & 6 & 3 & 6 & 5 \end{bmatrix} \to \begin{bmatrix} 5 & \circledcirc & 2 & \phi & 2 \\ 2 & 3 & \phi & \circledcirc & \phi \\ \circledcirc & 10 & 5 & 7 & 2 \\ 9 & 8 & \circledcirc & \phi & 4 \\ \phi & 6 & 3 & 6 & 5 \end{bmatrix}$$

此时◎元素的个数 $m=4$，而 $n=5$；所以解题没有完成，应转到第三步继续进行。

第三步：作最少的直线覆盖所有零元素。根据具体做法，得到如下4条直线，进入第四步。

$$\begin{bmatrix} 5 & \circledcirc & 2 & \phi & 2 \\ 2 & 3 & \phi & \circledcirc & \phi \\ \circledcirc & 10 & 5 & 7 & 2 \\ 9 & 8 & \circledcirc & \phi & 4 \\ \phi & 6 & 3 & 6 & 5 \end{bmatrix} \begin{matrix} \\ \\ \surd \\ \\ \surd \end{matrix}$$
$$\surd$$

第四步：变换系数矩阵，得出新的0元素。在没有被直线覆盖的部分（第3、第5

行）中找出最小元素为 2，然后将第 3、第 5 行各元素分别减去 2，给第 1 列各元素加 2，得到新矩阵。之后按照第二步，找出所有独立的 0 元素，过程如下。

$$\begin{array}{c} +2 \\ \begin{bmatrix} 5 & \circledcirc & 2 & \phi & 2 \\ 2 & 3 & \phi & \circledcirc & \phi \\ \circledcirc & 10 & 5 & 7 & 2 \\ 9 & 8 & \circledcirc & \phi & 4 \\ \phi & 6 & 3 & 6 & 5 \end{bmatrix} \begin{matrix} \\ \\ \surd -2 \\ \\ \surd -2 \end{matrix} \\ \surd \end{array} \rightarrow \begin{bmatrix} 7 & 0 & 2 & 0 & 2 \\ 4 & 3 & 0 & 0 & 0 \\ 0 & 8 & 3 & 5 & 0 \\ 11 & 8 & 0 & 0 & 4 \\ 0 & 4 & 1 & 4 & 3 \end{bmatrix} \rightarrow \begin{bmatrix} 7 & \circledcirc & 2 & \phi & 2 \\ 4 & 3 & \phi & \circledcirc & \phi \\ \phi & 8 & 3 & 5 & \circledcirc \\ 11 & 8 & \circledcirc & \phi & 4 \\ \circledcirc & 4 & 1 & 4 & 3 \end{bmatrix}$$

此时正好有 5 个独立的 0 元素，这就得到了最优解，相应的解矩阵为

$$(x_{ij}) = \begin{bmatrix} 0 & 1 & 0 & 0 & 0 \\ 0 & 0 & 0 & 1 & 0 \\ 0 & 0 & 0 & 0 & 1 \\ 0 & 0 & 1 & 0 & 0 \\ 1 & 0 & 0 & 0 & 0 \end{bmatrix}$$

即最优指派方案为甲—B，乙—D，丙—E，丁—C，戊—A。所需总时间为 $\min f = 32$。

本例还存在另一个最优指派方案，同学们可以自行试探。

本章学习小结

很多管理场景中，各类规划问题有需要求解的结果是整数的要求，当线性规划问题求解的决策变量只能取整数时，单纯形法求解就失效了。本章介绍了分支定界法的基本原理和求解整数规划问题的求解步骤，学习线性规划中的整数规划求解的基本方法，并通过介绍整数规划在日常的应用实例，扩展了对整数规划的认识，最后介绍了人力资源管理中常用的指派问题的应用，以及使用匈牙利法如何求解指派问题。

通过整数规划的教学，引导学生理解并掌握整数规划的定义及其性质，培养学生从不同侧面看待问题、解决问题的能力，培育学生的辩证思维。整数规划教学不仅能提高学生的数学技能，还能在潜移默化中培养学生的辩证思维和规则意识，实现思政教育的目标。

思考题

1. 什么是整数规划？
2. 什么是纯整数规划？什么是混合整数规划？什么是 0–1 规划？
3. 试述分支定界法的求解原理。
4. 试述分支定界法的求解步骤。
5. 什么是指派问题？
6. 匈牙利法求解指派问题的基本求解步骤是什么？

课后练习题

1. 试用分支定界法求解下列整数规划问题。

(1) $\max z = 10x_1 + 3x_2$

$$\begin{cases} 6x_1 + 7x_2 \leqslant 40 \\ 3x_1 + x_2 \leqslant 11 \\ x_1,\ x_2 \geqslant 0 \text{ 且为整数} \end{cases}$$

(2) $\max z = x_1 + 2x_2 + x_3$

$$\begin{cases} 7x_1 + 4x_2 + 3x_3 \leqslant 28 \\ 4x_1 + 7x_2 + 2x_3 \leqslant 28 \\ x_1,\ x_2,\ x_3 \geqslant 0 \text{ 且 } x_1,\ x_2 \text{ 为整数} \end{cases}$$

(3) $\max z = 40x_1 + 90x_2$

$$\begin{cases} 9x_1 + 7x_2 \leqslant 56 \\ 7x_1 + 20x_2 \leqslant 70 \\ x_1,\ x_2 \geqslant 0 \text{ 且为整数} \end{cases}$$

(4) $\max z = 20x_1 + 10x_2 + 10x_3$

$$\begin{cases} 2x_1 + 20x_2 + 4x_3 \leqslant 15 \\ 6x_1 + 20x_2 + 4x_3 = 20 \\ x_1,\ x_2,\ x_3 \geqslant 0 \text{ 且为整数} \end{cases}$$

(5) $\max z = 5x_1 + 8x_2$

$$\begin{cases} x_1 + x_2 \leqslant 6 \\ 5x_1 + 9x_2 \leqslant 45 \\ x_1,\ x_2 \geqslant 0 \text{ 且为整数} \end{cases}$$

(6) $\max z = x_1 + x_2$

$$\begin{cases} x_1 + \dfrac{9}{14}x_2 \leqslant \dfrac{51}{14} \\ -2x_1 + x_2 \leqslant \dfrac{1}{3} \\ x_1,\ x_2 \geqslant 0 \text{ 且为整数} \end{cases}$$

2. 用分支定界法求解下列整数规划问题(提示：可采用图解法)。

$\max z=40x_1+90x_2$

$$\begin{cases} 9x_1+7x_2\leqslant 56 \\ 7x_1+20x_2\leqslant 70 \\ x_1,\ x_2\geqslant 0 \text{ 且为整数} \end{cases}$$

3. 求下列整数规划问题。

$$\max z=20x_1+10x_2+10x_3$$

$$\begin{cases}2x_1+20x_2+4x_3\leqslant 15\\6x_1+20x_2+4x_3\leqslant 20\\x_1,\ x_2,\ x_3\geqslant 0 \text{ 且为整数}\end{cases}$$

4. 已知效率矩阵 $\boldsymbol{C}$，试用匈牙利法求解下列指派问题。

(1) $\boldsymbol{C}=\begin{bmatrix}10 & 8 & 12 & 22\\17 & 22 & 24 & 20\\24 & 18 & 16 & 19\\17 & 21 & 25 & 19\end{bmatrix}$

(2) $\boldsymbol{C}=\begin{bmatrix}12 & 7 & 9 & 7 & 9\\8 & 9 & 6 & 6 & 6\\7 & 17 & 12 & 14 & 12\\15 & 14 & 6 & 6 & 10\\4 & 10 & 7 & 10 & 6\end{bmatrix}$

(3) $\boldsymbol{C}=\begin{bmatrix}3 & 8 & 2 & 10 & 3\\8 & 7 & 2 & 9 & 7\\6 & 4 & 2 & 7 & 5\\8 & 4 & 2 & 3 & 5\\9 & 10 & 6 & 9 & 10\end{bmatrix}$

(4) $\boldsymbol{C}=\begin{bmatrix}15 & 18 & 21 & 24\\19 & 23 & 22 & 18\\26 & 17 & 16 & 19\\19 & 21 & 23 & 17\end{bmatrix}$

5. 有甲、乙、丙、丁 4 个人，要分别指派他们完成 A，B，C，D 4 项不同的工作，每人做各项工作所消耗的时间如下表所示。

人员	A	B	C	D
甲	2	10	9	7
乙	15	4	14	8
丙	13	14	16	11
丁	4	15	13	9

问：应该如何指派，才能使总的消耗时间为最少？

6. 某公司经理要分派 4 个推销员去 4 个地区推销某种商品。4 个推销员各有不同的经验和能力，因而他们在每一地区能获得的利润不同，其估计值如下表所示。

人员	D_1	D_2	D_3	D_4
甲	35	27	28	37
乙	28	34	29	40

续表

人员	D_1	D_2	D_3	D_4
丙	35	24	32	33
丁	24	32	25	28

问：公司经理应怎样分派4个推销员才使总利润最大？

7. 某省移动通信公司一年中有5个管理咨询项目对外招标，有5家管理咨询公司应标，各个公司的报价如下表所示。

人员	A	B	C	D	E
甲	40	80	70	150	120
乙	70	90	170	140	100
丙	60	90	120	80	70
丁	60	70	140	60	100
戊	60	90	120	100	60

要求每个公司只能完成一个项目，试问：如何安排，才能使总费用最少？

8. 安排甲、乙、丙、丁4个工人去做4项不同的工作，每个工人做各项工作所消耗的时间如下表所示。

单位：min

人员	A	B	C	D
甲	20	19	20	28
乙	18	24	27	20
丙	26	16	15	18
丁	17	20	24	19

(1) 指派哪个工人去完成哪项工作，可使总的消耗时间为最少？

(2) 如果把问题(1)中的消耗时间数据看作创造效益。那么应如何指派，可使总效益最大？

(3) 如果在问题(1)中再增加一项工作E，甲、乙、丙、丁4人完成工作E的时间分别为17 min、20 min、15 min、16 min，那么应指派这4个人干哪4项工作，可使总的消耗时间最少？

(4) 如果在问题(1)中再增加一个人戊，他完成A，B，C，D工作的时间分别为16 min、17 min、20 min、21 min，指派哪4个人去干这4项工作，可使总的消耗时间最少？

9. 有甲、乙、丙、丁4个人，要分别指派他们完成A，B，C，D 4项不同的工作，每人做各项工作所消耗的时间如下表所示。

人员	A	B	C	D
甲	2	10	9	7
乙	15	4	14	8

续表

人员	A	B	C	D
丙	13	14	16	11
丁	4	15	13	9

问：应该如何指派，才能使总的消耗时间为最少？

10. 一个公司经理要分派 4 个推销员去 4 个地区推销某种商品。4 个推销员各有不同的经验和能力，因而他们在每一地区能获得的利润不同，其估计值如下表所示：

人员	D_1	D_2	D_3	D_4
甲	25	17	28	27
乙	28	44	29	40
丙	45	24	42	23
丁	24	12	35	28

问：公司经理应怎样分派 4 个推销员才使总利润最大？

11. 求解系数矩阵 $\boldsymbol{C}$ 的指派问题。

$$\boldsymbol{C}=\begin{bmatrix}19 & 8 & 9 & 8 & 9\\ 8 & 9 & 5 & 20 & 10\\ 7 & 17 & 10 & 14 & 12\\ 15 & 14 & 5 & 15 & 20\\ 11 & 10 & 8 & 10 & 6\end{bmatrix}$$

12. 用匈牙利法求解下列的指派问题，已知效率矩阵如下。

$$\boldsymbol{C}=\begin{bmatrix}3 & 8 & 2 & 10 & 3\\ 8 & 7 & 2 & 9 & 7\\ 6 & 4 & 2 & 7 & 5\\ 8 & 4 & 2 & 3 & 5\\ 9 & 10 & 6 & 9 & 10\end{bmatrix}$$

13. 已知 5×5 指派问题效率矩阵如下，求解该指派问题。

$$\boldsymbol{C}=\begin{bmatrix}12 & 7 & 9 & 7 & 9\\ 8 & 9 & 6 & 6 & 6\\ 7 & 17 & 12 & 14 & 9\\ 15 & 14 & 6 & 6 & 10\\ 4 & 10 & 7 & 10 & 9\end{bmatrix}$$

第 6 章　对策论基础

知识目标

了解对策论的发展历史；
理解对策论的基本概念；
掌握矩阵对策的求解方法；
了解混合策略的求解方法；
了解其他类型的对策类型。

能力目标

知识获取能力：自主学习、独立思考、反复演练算法。
知识应用能力：能够应用所学知识解决对策论的相关现实问题。
创新能力：能够应用所学知识设计研究对策论其他类型的优化问题。

本章内容要点

本章主要介绍对策论的基本概念，矩阵对策的定义、性质、特点，矩阵对策的求解方法，混合策略的求解方法，还会介绍完全信息静态对策、完全信息动态对策、多人非合作对策、非零和对策等多种形式的对策基本知识。

核心概念

对策论、局中人、策略集、赢得函数、矩阵对策、鞍点、最优纯策略、混合策略、完全信息静态对策、完全信息动态对策、多人非合作对策、非零和对策。

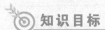

第 1 节　对策论的基本概念

对策又称博弈，是自古以来的政治家和军事家都很注意研究的问题。作为一门正式学科，对策论是在 20 世纪 40 年代形成并发展起来的。1944 年冯·诺依曼与摩根斯特恩的《博弈论与经济行为》一书出版，标志着现代系统博弈理论的初步形成。书中提出的标准型、扩展型和合作型博弈模型解的概念和分析方法，奠定了这门学科的理论基础，成为使用严谨的数学模型研究冲突对抗条件下最优决策问题的理论。然而，冯·诺依曼的博弈论的局限性也日益暴露出来。由于它过于抽象，其应用范围受到很大限制，所以影响力很有限。20 世纪 50 年代，纳什(Nash)建立了非合作博弈的纳什均衡理论，标志着博弈的新时代开始，这是纳什在经济博弈论领域划时代的贡献。纳什是继冯·诺依曼之后最伟大的博弈论大师之一。1994 年纳什获得了诺贝尔经济学奖。他提出的著名的纳什均衡概念在非合作博弈理论中起着核心作用。由于纳什均衡的提出和不断完善，为博弈论广泛应用于经济学、管理学、社会学、政治学、军事科学等领域奠定了坚实的理论基础。

对策论(game theory)又称竞赛论或博弈论，是研究具有斗争或竞争性质现象的数学理论和方法。一般认为，它是现代数学的一个新分支，是运筹学的一个重要学科。对策论发展的历史并不长，但由于它研究的问题与政治、经济、军事活动乃至一般的日常生活等有着密切联系，并且处理问题的方法具有明显特色，所以日益引起广泛注意。

在日常生活中，经常会看到一些相互之间具有斗争或竞争性质的行为，如下棋、打牌、体育比赛等。又如战争中的双方，都力图选取对自己最有利的策略，千方百计去战胜对手。在政治方面，各国间的谈判、各种政治力量之间的斗争、各国际集团之间的斗争等；在经济活动中，各国之间、各公司企业之间的经济谈判，企业之间为争夺市场而进行的竞争等，无一不具有斗争或竞争的性质。

具有竞争或对抗性质的行为称为对策行为。在这类行为中，参加斗争或竞争的各方各自具有不同的目标和利益。为了达到各自的目标和利益，各方必须考虑对手各种可能的行动方案，并力图选取对自己最有利或最合理的方案。对策论就是研究对策行为中斗争各方是否存在着最合理的行动方案，以及如何找到最合理行动方案的数学理论和方法。

我国古代的“田忌赛马”就是一个典型的对策论研究的例子。

战国时期，有一天齐王提出要与田忌赛马，双方约定从各自的上、中、下三个等级的马中各选一匹参赛，每匹马均只能参赛一次，每次比赛双方各出一匹马，负者要付给胜者千金。已经知道，在同等级的马中，田忌的马不如齐王的马，而如果田忌的马比齐王的马高一等级，则田忌的马可取胜。当时，田忌的门客孙膑给他出了个主意：每次比赛时先让齐王牵出他要参赛的马，然后用下等马对齐王的上等马，用中等马对齐王的下等马，用上等马对齐王的中等马。比赛结果，田忌二胜一负，赢得千金。由此看来，两个人各采取什么样的出马次序对胜负是至关重要的。

以下称具有对策行为的模型为对策模型或对策。对策模型的种类可以千差万别，但本质上都必须包括以下三个基本要素。

一、局中人

在一个对策行为(或一局对策)中，有权决定自己行动方案的对策参加者，称为局中人(players)。通常用 I 表示局中人的集合。如果有 N 个局中人，则 $I=\{1, 2, \cdots, N\}$。一般要求一个对策中至少要有两个局中人。如在“田忌赛马”的例子中，局中人是齐王和田忌。

对策中关于局中人的概念具有广义性。局中人除了可理解为个人外，还可理解为某一集体，如球队、交战国、企业等。当研究在不确定的气候条件下进行某项与气候条件有关的生产决策时，就可把大自然当作一个局中人。另外，在对策中利益完全一致的参加者只能看成一个局中人，例如，桥牌中的东、西方和南、北方各为一个局中人，虽有 4 人参赛，但只能算有两个局中人。

需要强调的是，在对策中总是假定每个局中人都是“理智的”决策者或竞争者，即对任一局中人来讲，不存在利用其他局中人决策的失误来扩大自身利益的可能性。

二、策略集

一局对策中，可供局中人选择的一个实际可行的完整的行动方案称为一个策略。参加对策的每一个局中人都有自己的策略集 S(strategies)。一般来说，每一个局中人的策略集中至少应包括两个策略。在“田忌赛马”的例子中，如果用(上，中，下)表示以上等马、中等马、下等马依次参赛这样一个次序，这就是一个完整的行动方案，即为一个策略。可见，局中人齐王和田忌各自都有 6 个策略：(上，中，下)、(上，下，中)、(中，上，下)、(中，下，上)、(下，中，上)、(下，上，中)。

三、赢得函数(支付函数)

在一局对策中，各局中人选定的策略形成的策略组称为一个局势，即若 s_i 是第 i 个局中人的一个策略，则 n 个局中人的策略组 $s=(s_1, s_2, \cdots, s_n)$ 就是一个局势。当一个局势出现后，对策的结果也就确定了。也就是说，对任一局势 $s \in S$，局中人 i 可以得到一个赢得值 $H_i(s)$。显然，$H_i(s)$ 是局势 s 的函数，称为第 i 个局中人的赢得函数(payoff function)。在齐王与田忌赛马的例子中，局中人集合为 $I=\{1, 2\}$，齐王和田忌的策略集可分别用 $S_1=\{\alpha_1, \alpha_2, \alpha_3, \alpha_4, \alpha_5, \alpha_6\}$ 和 $S_2=\{\beta_1, \beta_2, \beta_3, \beta_4, \beta_5, \beta_6\}$ 表示。

这样，齐王的任一策略和田忌的任一策略就形成了一个局势。如果 $\alpha_1=$(上，中，下)，$\beta_1=$(上，中，下)，则在局势 s_{11} 下齐王的赢得值为 $H_1(s_{11})=3$，田忌的赢得值为 $H_2(s_{11})=-3$。

一般地，当局中人、策略集和赢得函数这三个要素确定后，一个对策模型也就给定了。

为了便于对不同的问题进行研究，可根据不同的方式对对策问题进行分类，通常的分类方式有：

(1)根据局中人的个数，分为二人对策和多人对策；

(2)根据各局中人的赢得函数的代数和是否为零，分为零和对策和非零和对策；

(3)根据各局中人之间是否允许合作，分为合作对策和非合作对策；

(4)根据局中人策略集中策略的个数，分为有限对策和无限对策。

此外还有许多其他分类方式，感兴趣的同学们可自行去了解，此处不赘述。

在众多对策模型中，占有重要地位的是二人有限零和对策，又称矩阵对策，这类对策是到目前为止在理论研究和求解方法方面都比较完善的一类对策。尽管矩阵对策是一类最简单的对策模型，但其研究思想和方法十分具有代表性，足以体现对策论的一般思想和分析方法，且矩阵对策的基本理论和方法也是研究其他对策模型的基础。基于上述原因，本章将着重介绍矩阵对策的基本内容，而只对其他对策模型做简要介绍。

第 2 节　矩阵对策的最优纯策略

在矩阵对策中，一般用Ⅰ，Ⅱ 分别表示两个局中人，并设局中人Ⅰ有 m 个纯策略(以区别后面的混合策略) α_1，α_2，…，α_m；局中人Ⅱ有 n 个纯策略 β_1，β_2，…，β_n。则局中人Ⅰ，Ⅱ 的策略集分别为

$$S_1 = \{\alpha_1,\ \alpha_2,\ \cdots,\ \alpha_m\}$$

$$S_2 = \{\beta_1,\ \beta_2,\ \cdots,\ \beta_n\}$$

当局中人Ⅰ选定纯策略 α_i 且局中人Ⅱ选定纯策略 β_j 后，就形成了一个纯局势(α_i，β_j)，对任一纯局势(α_i，β_j)，记局中人Ⅰ的赢得值为 a_{ij}，称

$$\boldsymbol{A} = \begin{bmatrix} a_{11} & a_{12} & \cdots & a_{1n} \\ a_{21} & a_{22} & \cdots & a_{2n} \\ \vdots & \vdots & \vdots & \\ a_{m1} & a_{m2} & \cdots & a_{mn} \end{bmatrix}$$

为局中人Ⅰ的赢得矩阵(或为局中人 Ⅱ 的支付矩阵)。由于对策为零和的，因此局中人 Ⅱ 的赢得矩阵就是 $-\boldsymbol{A}$。当局中人Ⅰ，Ⅱ和策略集 S_1，S_2，以及局中人Ⅰ的赢得矩阵 $\boldsymbol{A}$ 确定后，一个矩阵对策也就给定了。通常，将一个矩阵对策记成 $G = \{$Ⅰ，Ⅱ；S_1，S_2；$\boldsymbol{A}\}$ 或 $G = \{S_1,\ S_2;\ \boldsymbol{A}\}$。

矩阵对策建立之后，各局中人面临的问题就是如何选取对自己最有利的策略。在这个过程中，双方都考虑到对方为使自己尽可能少地赢得所做的努力，所以双方都不存在侥幸心理，而是从各自可能出现的最不利的情况中选择一种最为有利的情况作为决策的依据，这就是所谓的“理智行为”。双方做决策的过程可以用下述数学方法来表示。

定义 1　设 $G = \{S_1,\ S_2;\ \boldsymbol{A}\}$ 为一矩阵对策，其中 $S_1 = \{\alpha_1,\ \alpha_2,\ \cdots,\ \alpha_m\}$，$S_2 = \{\beta_1,\ \beta_2,\ \cdots,\ \beta_n\}$，$\boldsymbol{A} = (a_{ij})_{m\times n}$。若等式

$$\max_i \min_j a_{ij} = \min_j \max_i a_{ij} = a_{i^*j^*}$$

成立，记 $V_G = a_{i^*j^*}$，则 V_G 称为对策 G 的值，使上式成立的纯局势 (α_{i^*}，β_{j^*}) 称为 G 在纯策略下的解(或平衡局势)，α_{i^*} 与 β_{i^*} 分别称为局中人Ⅰ，Ⅱ的最优纯策略。

由定义 1 可知，在矩阵对策中两个局中人都采取最优纯策略(如果最优纯策略存在)才是理智的行动。

【例 6-1】求解矩阵对策 $G = \{S_1,\ S_2;\ \boldsymbol{A}\}$，其中

$$A=\begin{bmatrix}-7 & 1 & -8\\ 3 & 2 & 4\\ 16 & -1 & -3\\ -3 & 0 & 5\end{bmatrix}$$

根据上述定义 1，过程如下。

$$\begin{array}{c|ccc|c} & \beta_1 & \beta_2 & \beta_3 & \min\limits_j a_{ij} \\ \hline \alpha_1 & -7 & 1 & -8 & -8 \\ \alpha_2 & 3 & 2 & 4 & 2^* \\ \alpha_3 & 16 & -1 & -3 & -3 \\ \alpha_4 & -3 & 0 & 5 & -3 \\ \hline \max\limits_i a_{ij} & 16 & 2^* & 5 & \end{array}$$

由此可以看出，$\max\limits_i \min\limits_j a_{ij} = \min\limits_j \max\limits_i a_{ij} = a_{22} = 2 = V_G$

故该矩阵对策问题的最优解为 (α_2, β_2)，最优值为 $V_G = 2$，即说明两个局中人的最优纯策略分别为 α_2 和 β_2，在这种情况下，局中人Ⅰ的赢得值为 2，局中人Ⅱ的赢得值为−2。

从【例 6-1】还可以看出，该矩阵对策的平衡局势 (α_2, β_2) 对应的矩阵 $\boldsymbol{A}$ 中的元素 a_{22} 既是其所在行的最小元素，又是其所在列的最大元素，即 $a_{i2} \leqslant a_{22} \leqslant a_{2j}$ $(i = 1, 2, 3, 4; j = 1, 2, 3)$。将这一事实推广到一般矩阵对策，可得如下定理。

定理 1 矩阵对策 $G = \{S_1, S_2; \boldsymbol{A}\}$ 在纯策略意义下有解的充分必要条件是：存在纯局势 $(\alpha_{i^*}, \beta_{j^*})$，使得对任意 $i=1, 2, \cdots, m$；$j=1, 2, \cdots, n$，有 $a_{ij^*} \leqslant a_{i^*j^*} \leqslant a_{i^*j}$。

使上式成立的元素 $a_{i^*j^*}$ 称为矩阵 $\boldsymbol{A}$ 的鞍点。在矩阵对策中，矩阵 $\boldsymbol{A}$ 的鞍点又称对策的鞍点，同时也是对策 G 的值。

定理 1 的意义是一个平衡局势 $(\alpha_{i^*}, \beta_{j^*})$ 应该有这样的性质，当局中人Ⅰ选取了纯策略 α_{i^*} 后，局中人Ⅱ为了使其损失最少，只有选择纯策略 β_{j^*}，否则会损失更多；反之，当局中人Ⅱ选取了纯策略 β_{j^*} 后，局中人Ⅰ为了赢得的最多，也只能选择 α_{i^*}，否则会赢得的更少。双方的竞争在局势 $(\alpha_{i^*}, \beta_{j^*})$ 下达到一个平衡状态，并且谁都不愿意打破这个平衡，因为打破平衡的人就会受到惩罚(赢得更少或损失更多)。

【例 6-2】 求解矩阵对策 $G = \{S_1, S_2; \boldsymbol{A}\}$，其中

$$A=\begin{bmatrix}9 & 8 & 11 & 8\\ 2 & 4 & 6 & 3\\ 5 & 8 & 7 & 8\\ 10 & 7 & 9 & 6\end{bmatrix}$$

解：直接在 $\boldsymbol{A}$ 的基础上进行计算(过程略)，有

$$\max_i \min_j a_{ij} = \min_j \max_i a_{ij} = a_{i^*j^*} = 8$$

其中
$$i^* = 1, 3;\ j^* = 2, 4$$

故 (α_1, β_2)，(α_1, β_4)，(α_3, β_2)，(α_3, β_4) 都是该对策的最优解，且 $V_G = 8$。

由【例 6-2】可知，一般矩阵对策的最优解也可以不唯一，但其最优值是唯一的。

【例 6-3】某单位采购员在秋天要决定冬季取暖用煤的储量问题。已知在正常的冬季气温条件下要消耗 15 t 煤，在较暖与较冷的气温条件下分别要消耗 10 t 和 20 t 煤。假定冬季时的煤价随天气寒冷程度而有所变化，在较暖、正常、较冷的气候条件下每吨煤价分别为 100 元、150 元和 200 元，又设秋季时煤价为 100 元/t。在没有关于当年冬季准确的气象预报的条件下，秋季储煤多少吨能使单位的支出最少？

这一储量问题可以看成一个对策问题，把采购员当作局中人Ⅰ，他有三个策略：在秋天时买 10 t、15 t 与 20 t，分别记为 α_1，α_2，α_3。

把大自然看作局中人Ⅱ(可以当作理智的局中人来处理)，大自然(冬季气温)也有三种策略：出现较暖的、正常的与较冷的冬季，分别记为 β_1，β_2，β_3。

把该单位冬季取暖用煤实际费用(秋季购煤时的费用与冬季不够时再补购的费用总和)作为局中人Ⅰ的赢得值，得矩阵如下。

$$\begin{array}{r} \\ \alpha_1(10) \\ \boldsymbol{A}=\alpha_2(15) \\ \alpha_3(20) \end{array}\begin{array}{c} \beta_1(\text{较暖})\quad \beta_2(\text{正常})\quad \beta_3(\text{较冷}) \\ \begin{bmatrix} -1\,000 & -1\,750 & -3\,000 \\ -1\,500 & -1\,500 & -2\,500 \\ -2\,000 & -2\,000 & -2\,000 \end{bmatrix} \end{array}$$

直接在 $\boldsymbol{A}$ 上进行计算(过程略)，有 $\max\limits_i \min\limits_j a_{ij} = \min\limits_j \max\limits_i a_{ij} = a_{33} = -2\,000$。故对策的最优解为 (α_3, β_3)，即秋季储煤 20 t 合理。

第 3 节　矩阵对策的混合策略

对矩阵对策 $G=\{S_1, S_2; \boldsymbol{A}\}$ 来说，如果

$$\max_i \min_j a_{ij} \neq \min_j \max_i a_{ij}$$

那么是否还可以按照从最不利情况中选取最有利的结果的原则来选择纯策略呢？为了说明问题，不妨设赢得矩阵

$$\boldsymbol{A}=\begin{bmatrix} 5 & 9 \\ 8 & 6 \end{bmatrix}$$

这时可求得

$$\begin{array}{cc} & \min\limits_j a_{ij} \\ \boldsymbol{A}=\begin{bmatrix} 5 & 9 \\ 8 & 6 \end{bmatrix} & \begin{array}{c} 5 \\ 6 \end{array} \\ \max\limits_i a_{ij} \quad 8 \quad 9 & \end{array}$$

即
$$\max_i \min_j a_{ij} = 6,\ \min_j \max_i a_{ij} = 8,\ \max_i \min_j a_{ij} \neq \min_j \max_i a_{ij}。$$

按上述原则，局中人Ⅰ应该选取 α_2，局中人Ⅱ应该选择 β_1，此时局中人Ⅰ将赢得 8，比其预期赢得($\max\limits_i \min\limits_j a_{ij} = 6$)更多。问题就出在局中人Ⅱ选择了 β_1，使他的对手局中人Ⅰ多得了本不该得的赢得，这也就是说 β_1 并不是局中人Ⅱ的最优策略，因此局中人Ⅱ会考虑出 β_2，这时局中人Ⅰ将赢得 6，即局中人Ⅱ会损失 6，比预期的损失($\min\limits_j \max\limits_i a_{ij} = 8$)要

少，这对局中人Ⅰ是不利的，局中人Ⅰ也会考虑采用α_1的策略，这时作为局中人Ⅱ就要考虑用其β_1来对付局中人Ⅰ的α_1了……这样，局中人Ⅰ出α_1，α_2的可能性和局中人Ⅱ出β_1，β_2的可能性都不能排除。对两个局中人来说，不存在一个双方都可接受的平衡局势，其主要的原因就是局中人Ⅰ和局中人Ⅱ没有执行上述原则的共同基础，即$\max\limits_i \min\limits_j a_{ij} \neq \min\limits_j \max\limits_i a_{ij}$。

在这种情况下，矩阵对策不存在纯策略意义下的解，即不存在最优纯策略。两个局中人不能单独地使用某个策略，以不变应万变。一个比较自然且合乎实际的想法为是否可以对局中人给出一个选取不同策略的概率分布，以使得该局中人在各种情况下的平均赢得(损失)最多(少)。这种策略称为混合策略。如在上例中，局中人Ⅰ可以分别以1/3和2/3的概率选取纯策略α_1和α_2。同样，局中人Ⅱ也分别以1/2和1/2的概率选取纯策略β_1和β_2。如果两个局中人各自以100%的概率选取其某一个策略，而其他策略选取的概率皆为0，这种情况就是在第2节所探讨的纯策略。因此纯策略是混合策略的特殊情况。下面给出矩阵对策混合策略的定义。

定义2 设有矩阵对策$G=\{S_1, S_2; \boldsymbol{A}\}$，其中

$$S_1=\{\alpha_1, \alpha_2, \cdots, \alpha_m\},\ S_2=\{\beta_1, \beta_2, \cdots, \beta_n\},\ \boldsymbol{A}=(a_{ij})_{m\times n}$$

记

$$S_1^*=\left\{x\in \boldsymbol{E}^m \,\middle|\, x_i\geqslant 0,\ i=1, 2, \cdots, m,\ \sum_{i=1}^{m} x_i=1\right\}$$

$$S_2^*=\left\{y\in \boldsymbol{E}^n \,\middle|\, y_j\geqslant 0,\ j=1, 2, \cdots, n,\ \sum_{j=1}^{n} y_j=1\right\}$$

则S_1^*和S_2^*分别称为局中人Ⅰ和局中人Ⅱ的混合策略集(或策略集)；$x\in S_1^*$和$y\in S_2^*$分别称为局中人Ⅰ和局中人Ⅱ的混合策略(或策略)，(x, y)为混合局势(或局势)。局中人Ⅰ的赢得函数记为

$$\boldsymbol{E}(x, y)=x^{\mathrm{T}}\boldsymbol{A}y=\sum_{i=1}^{m}\sum_{j=1}^{n} a_{ij}x_iy_j$$

这样得到了一个新的对策记为$G^*=\{S_1^*, S_2^*; \boldsymbol{E}\}$，称$G^*$为对策$G$的混合扩充。

下面用上例予以说明。

假如局中人Ⅰ分别以1/3和2/3的概率选取α_1和α_2，而局中人Ⅱ分别以1/2和1/2的概率选取β_1和β_2，此时局中人Ⅰ的平均赢得会是多少呢？

局中人Ⅰ分别以1/3和2/3的概率选取α_1和α_2，则$\boldsymbol{x}=(x_1, x_2)^{\mathrm{T}}=\left(\frac{1}{3}, \frac{2}{3}\right)^{\mathrm{T}}$；

局中人Ⅱ分别以1/2和1/2的概率选取β_1和β_2，则$\boldsymbol{y}=(y_1, y_2)^{\mathrm{T}}=\left(\frac{1}{2}, \frac{1}{2}\right)^{\mathrm{T}}$；

根据上述定义2，可计算出局中人Ⅰ此时的平均赢得为

$$\boldsymbol{E}(x, y)=x^{\mathrm{T}}\boldsymbol{A}y=\begin{pmatrix}\frac{1}{3} & \frac{2}{3}\end{pmatrix}\times\begin{bmatrix}5 & 9\\ 8 & 6\end{bmatrix}\times\begin{pmatrix}\frac{1}{2}\\ \frac{1}{2}\end{pmatrix}=7$$

需要强调的是，以上计算出来的数量是局中人Ⅰ赢得的期望值，即局中人双方采取该概率进行多次对策后局中人Ⅰ赢得的平均值，而不是某一次对策的结果。

由此可以看出，对策双方选取的混合策略不同，各个局中人的赢得也会不同。那么对于双方来说，会不会有某个混合策略，一旦选定后就可以使整个局势达成平衡？接下来我

们讨论矩阵对策在混合策略意义下的解。

定义3 设 $G^* = \{S_1^*, S_2^*; \boldsymbol{E}\}$ 是矩阵对策 $G = \{S_1, S_2; \boldsymbol{A}\}$ 的混合扩充，如果

$$\max_{x \in s_1^*} \min_{y \in s_2^*} \boldsymbol{E}(x, y) = \min_{y \in s_2^*} \max_{x \in s_1^*} \boldsymbol{E}(x, y)$$

记其值为 V_G，则 V_G称为对策 G^*的值，使公式成立的混合局势(x^*, y^*)称为 G 在混合策略下的解(简称解)，x^*和 y^*分别称为局中人Ⅰ和局中人 Ⅱ的最优混合策略。

现约定，以下对 $G=\{S_1, S_2; \boldsymbol{A}\}$ 及其混合扩充 $G^* = \{S_1^*, S_2^*; \boldsymbol{E}\}$ 一般不加以区别，都用 $G = \{S_1, S_2; \boldsymbol{A}\}$ 来表示，当 G 在纯策略意义下解不存在时，自动认为讨论的是在混合策略意义下的解。

简单来说，求解矩阵对策的混合策略问题，就是求两个局中人各自选取不同策略的概率分布，具体的方法有图解法、迭代法、线性方程组法和线性规划法等。这里只介绍线性规划法，其他方法将省略。

仍以以下赢得矩阵为例，来建立此混合策略的线性规划模型。

$$\boldsymbol{A} = \begin{bmatrix} 5 & 9 \\ 8 & 6 \end{bmatrix}$$

第一步：设局中人Ⅰ使用α_1的概率为x'_1，使用α_2的概率为x'_2，并设在最坏的情况下(局中人Ⅱ出对其最有利的策略情况下)，局中人Ⅰ赢得的平均值等于 V。这样就建立了以下数学关系。

(1)局中人Ⅰ使用α_1的概率和α_2的概率的和为1，并知概率值具有非负性，即

$$x_1' + x_2' = 1 \text{，且有 } x_1', x_2' \geqslant 0$$

(2)当局中人Ⅱ使用β_1策略时，局中人Ⅰ的平均赢得为 $5x_1' + 8x_2'$，此平均赢得值应大于等于 V，即

$$5x_1' + 8x_2' \geqslant V$$

(3)当局中人Ⅱ使用β_2策略时，局中人Ⅰ的平均赢得为 $9x_1' + 6x_2'$，此平均赢得值也应大于等于 V，即

$$9x_1' + 6x_2' \geqslant V$$

第二步：考虑 V 的取值。V 的值与赢得矩阵 $\boldsymbol{A}$ 的各元素的值是有关的，因为 $\boldsymbol{A}$ 的所有元素都取正值，所以可知 $V > 0$。

第三步：做变量替换，令 $x_i = \dfrac{x_i'}{V}$ $(i = 1, 2)$，这样就把以上数量关系式变为

$$\begin{cases} x_1 + x_2 = \dfrac{1}{V} \\ 5x_1 + 8x_2 \geqslant 1 \\ 9x_1 + 6x_2 \geqslant 1 \\ x_1, x_2 \geqslant 0 \end{cases}$$

对于局中人Ⅰ来说，他希望 V 值越大越好，也就是希望 $1/V$ 的值越小越好。由此就建立起求局中人Ⅰ的最优混合策略的线性规划模型，如下式所示。

$$\min x_1 + x_2$$

$$\begin{cases} 5x_1 + 8x_2 \geqslant 1 \\ 9x_1 + 6x_2 \geqslant 1 \\ x_1,\ x_2 \geqslant 0 \end{cases}$$

用单纯形法(或对偶单纯形法)求解，得到该问题的最优解为 $x_1 = \dfrac{1}{21}$，$x_2 = \dfrac{2}{21}$。

从 $x_1 + x_2 = \dfrac{1}{V}$，可以求出 $\dfrac{1}{V} = \dfrac{1}{7}$，即 $V=7$。

再从 $x_i' = x_i \times V$，可以得出 $x_1' = \dfrac{1}{21} \times 7 = \dfrac{1}{3}$，$x_2' = \dfrac{2}{21} \times 7 = \dfrac{2}{3}$。

因此，局中人Ⅰ的最优混合策略为 $\boldsymbol{x}^* = (x_1^*,\ x_2^*)^{\mathrm{T}} = \left(\dfrac{1}{3},\ \dfrac{2}{3}\right)^{\mathrm{T}}$，对策值为 $V_G=V=7$。

用同样的方法也可以求出局中人Ⅱ的最优混合策略。

设 y'_1 和 y'_2 分别为局中人Ⅱ出策略 β_1 和 β_2 的概率，得到以下数学关系。

$$\begin{cases} y_1' + y_2' = 1 \\ 5y_1' + 9y_2' \leqslant V \\ 8y_1' + 6y_2' \leqslant V \\ y_1',\ y_2' \geqslant 0 \end{cases}$$

同样令 $y_i = \dfrac{y_i'}{V}$ ($i = 1, 2$)，这样就把以上数量关系式变为

$$\begin{cases} y_1 + y_2 = \dfrac{1}{V} \\ 5y_1 + 9y_2 \leqslant 1 \\ 8y_1 + 6y_2 \leqslant 1 \\ y_1,\ y_2 \geqslant 0 \end{cases}$$

对于局中人Ⅱ来说，他希望 V 值越小越好，V 值越小说明他损失得越少，也就是希望 $1/V$ 的值越大越好。由此可得，局中人Ⅱ的最优混合策略的线性规划模型如下。

$$\max y_1 + y_2$$

$$\begin{cases} 5y_1 + 9y_2 \leqslant 1 \\ 8y_1 + 6y_2 \leqslant 1 \\ y_1,\ y_2 \geqslant 0 \end{cases}$$

用单纯形法求解，得到该问题的最优解为：$y_1 = \dfrac{1}{14}$，$y_2 = \dfrac{1}{14}$。

通过类似的计算，局中人Ⅱ的最优混合策略为 $\boldsymbol{y}^* = (y_1^*,\ y_2^*)^{\mathrm{T}} = \left(\dfrac{1}{2},\ \dfrac{1}{2}\right)^{\mathrm{T}}$，对策值仍为 7。

至此求解过程结束，对策双方均已得出各自的最优混合策略。

在上述过程的第二步中，可以从 $\boldsymbol{A}$ 的元素都大于零这一事实判断出 V 大于零，但是在

更多的问题中，由于 $\boldsymbol{A}$ 的元素不一定都大于零，因此就无法判断出 V 大于零这个条件，或者在一些问题中 V 本来就小于零或者等于零。以下定理讨论了矩阵对策解的若干重要性质，它们在矩阵对策求解时起到重要作用。

定理 2　设有两个矩阵对策 $G_1=\{S_1,\ S_2;\ \boldsymbol{A}_1\}$，$G_2=\{S_1,\ S_2;\ \boldsymbol{A}_2\}$，其中 $\boldsymbol{A}_1=(a_{ij})$，$\boldsymbol{A}_2=(a_{ij}+L)$，$L$ 为任一常数，则 G_1 和 G_2 的解集相同，并且 $V_{G_2}=V_{G_1}+L$。

通过定理 2 可知，当发现 $\boldsymbol{A}_1$ 中的元素有负数时，可以把 $\boldsymbol{A}_1$ 中每一个元素都加上同样的一个足够大的正数 L，使所得的新的赢得矩阵 $\boldsymbol{A}_2$ 的每一个元素都大于零，然后再用上述的方求解 $\boldsymbol{A}_2$。这两个矩阵对策的最优混合策略是相同的，而对策值相差 L。

定理 3　设有两个矩阵对策 $G_1=\{S_1,\ S_2;\ \boldsymbol{A}\}$，$G_2=\{S_1,\ S_2;\ \alpha\boldsymbol{A}\}$，其中 $\alpha>0$ 为任一常数，则 G_1 和 G_2 的解集相同，并且 $V_{G_2}=\alpha V_{G_1}$。

在本节的最后，将介绍一下优超原则。

优超原则：假设矩阵对策 $G=\{S_1,\ S_2;\ \boldsymbol{A}\}$，其中局中人Ⅰ赢得矩阵 $\boldsymbol{A}_1=(a_{ij})$，若存在两行(列)，$s$ 行(列)的各元素均优于 t 行(列)的元素，即 $a_{sj}\geqslant a_{tj}$，$j=1,\ 2,\ \cdots,\ n$（$a_{is}\leqslant a_{it}$，$i=1,\ 2,\ \cdots,\ m$），称策略 α_s 优超于 α_t（β_s 优超于 β_t）。

在矩阵策略集中，进一步解释优超原则：当局中人Ⅰ的策略 α_t 被其他策略优超时，可在其赢得矩阵 $\boldsymbol{A}$ 中划去第 t 行(同理，当局中人Ⅱ的策略 β_t 被其他策略优超时，可在矩阵 $\boldsymbol{A}$ 中划去第 t 列)。如此得到阶数较小的赢得矩阵 $\boldsymbol{A}'$，其对应的矩阵对策 $G'=\{S_1,\ S_2;\ \boldsymbol{A}'\}$ 与 $G=\{S_1,\ S_2;\ \boldsymbol{A}\}$ 等价，即解相同。

利用优超原则，可以简化对策问题，下面举例说明优超原则的应用。

【例 6-4】以下为某对策问题局中人甲的赢得矩阵，请求解这个矩阵对策。

$$\boldsymbol{A}=\begin{bmatrix}3&2&0&3&0\\5&0&2&5&9\\7&3&9&5&9\\4&6&8&7&5\\6&0&8&8&3\end{bmatrix}$$

解：由于第 4 行优超于第 1 行，第 3 行优超于第 2 行，所以可以划去第 1 行和第 2 行，得到新的赢得矩阵 $\boldsymbol{A}_1$。为了能记住新矩阵行与列在原矩阵的位置，需标上其在原矩阵中的位置。

$$\begin{array}{cc} & \begin{matrix}\beta_1 & \beta_2 & \beta_3 & \beta_4 & \beta_5\end{matrix} \\ \boldsymbol{A}_1=\begin{matrix}\alpha_3\\\alpha_4\\\alpha_5\end{matrix} & \begin{bmatrix}7&3&9&5&9\\4&6&8&7&5\\6&0&8&8&3\end{bmatrix}\end{array}$$

对于 $\boldsymbol{A}_1$，第 1 列优超于第 3 列，第 2 列优超于第 4 列，因此划去第 3 列和第 4 列，得到

$$\begin{array}{cc} & \begin{matrix}\beta_1 & \beta_2 & \beta_5\end{matrix} \\ \boldsymbol{A}_2=\begin{matrix}\alpha_3\\\alpha_4\\\alpha_5\end{matrix} & \begin{bmatrix}7&3&9\\4&6&5\\6&0&3\end{bmatrix}\end{array}$$

这时第 1 行又优超于第 3 行，故在 A_2 中划去第 3 行，得到

$$\begin{array}{cc} & \beta_1 \quad \beta_2 \quad \beta_5 \\ A_3 = & \begin{array}{c} \alpha_3 \\ \alpha_4 \end{array} \begin{bmatrix} 7 & 3 & 9 \\ 4 & 6 & 5 \end{bmatrix} \end{array}$$

在 A_3 中第 1 列又优超于第 3 列，把第 3 列划去，得到

$$\begin{array}{cc} & \beta_1 \quad \beta_2 \\ A_4 = & \begin{array}{c} \alpha_3 \\ \alpha_4 \end{array} \begin{bmatrix} 7 & 3 \\ 4 & 6 \end{bmatrix} \end{array}$$

对于 A_4，易知无最优纯策略，可以用线性规划的方法求解，类似地，建立线性规划模型如下。

$$\begin{array}{ll}
\min x_3 + x_4 & \max y_1 + y_2 \\
\begin{cases} 7x_1 + 4x_2 \geqslant 1 \\ 3x_1 + 6x_2 \geqslant 1 \\ x_1, \ x_2 \geqslant 0 \end{cases} & \begin{cases} 7y_1 + 3y_2 \leqslant 1 \\ 4y_1 + 6y_2 \leqslant 1 \\ y_1, \ y_2 \geqslant 0 \end{cases}
\end{array}$$

求得解为（过程略）

$$x_3^* = \frac{1}{3}, \ x_4^* = \frac{2}{3} ; \ y_1^* = \frac{1}{2}, \ y_2^* = \frac{1}{2} ; \ V = 5$$

于是，以矩阵 A 为赢得矩阵的对策的一个解就是

$$\boldsymbol{x}^* = (x_1^*, \ x_2^*, \ x_3^*, \ x_4^*, \ x_5^*)^T = \left(0, \ 0, \ \frac{1}{3}, \ \frac{2}{3}, \ 0 \right)^T$$

$$\boldsymbol{y}^* = (y_1^*, \ y_2^*, \ y_3^*, \ y_4^*, \ y_5^*)^T = \left(\frac{1}{2}, \ \frac{1}{2}, \ 0, \ 0, \ 0 \right)^T$$

$$V_G = 5 \ 。$$

同学们也可以不用优超原则化简，而直接用线性规划的方法求解，所得结果一样。

因此，在对矩阵对策求解时，可以先考虑用优超原则简化原对策问题，但需要注意：

（1）利用优超原则化简赢得矩阵时，有可能将原矩阵对策的解也划去一些；

（2）用线性规划求解矩阵对策时，只能求得一个解，而矩阵对策可能有无数多个解，但它们的对策值都是一样的。

第 4 节　其他类型的对策简介

本节只对对策论中非合作对策的完全信息对策（包括完全信息静态对策和完全信息动态对策）、多人非合作对策、非零和对策作一个简单的叙述性介绍。

一、完全信息静态对策

该对策是指掌握了所有局中人的特征、战略空间、支付函数等知识和信息，并且各局中人同时选择行动方案或虽非同时但后行动者并不知道先行动者采取了什么行动方案。

纳什均衡是一个重要概念。在一个战略组合中，给定其他参与者战略的情况下，任何

参与者都不愿意脱离这个组合，或者说打破这个僵局，这种均衡就称为纳什均衡。下面以著名的“囚徒困境”来进一步阐述。

【例 6–5】“囚徒困境”说的是两个囚犯的故事。这两个囚徒一起做坏事，结果被警察发现抓了起来，分别关在两个独立的不能互通信息的牢房里进行审讯。在这种情形下，两个囚犯都可以做出自己的选择：或者坦白（与警察合作，从而背叛他的同伙），或者抵赖（也就是与他的同伙合作，而不是与警察合作）。这两个囚犯都知道，如果他俩都抵赖的话，就都会被释放，因为只要他们拒不承认，警方无法给他们定罪。但警方也明白这一点，所以他们就给了这两个囚犯一点儿刺激：如果他们中的一个人坦白，即告发他的同伙，那么他就可以被无罪释放。而他的同伙就会被按照最重的罪来判决。当然，如果这两个囚犯都坦白，两个人都会被按照轻罪来判决，如图 6–1 所示。

		囚徒乙 坦白	囚徒乙 抵赖
囚徒甲	坦白	轻罪，轻罪	释放，重罪
	抵赖	重罪，释放	释放，释放

图 6–1　囚徒困境

其实从公布的规则来看，两个人最好的选择当然是都抵赖，都被无罪释放，这对于集体来说是利益最大化的选择。但是现在两个人不能互通消息，囚徒甲要怎么做是受到囚徒乙选择的影响的，所以囚徒甲需要考虑的是囚徒乙会怎么选：如果乙坦白，甲当然也要坦白，抵赖就会被判重罪；如果乙抵赖，甲坦白也会无罪释放。所以不管乙的选择是什么，甲的选择一定是坦白。对于乙来讲，情况也是一样的，他的策略也是坦白，所以最终的结果一定是两个人都坦白。这个结果对于集体利益来说是比较糟糕的，却是必然的和稳定的，（坦白，坦白）就是纳什均衡解。而这个均衡是不会被打破的，因为一旦谁改变了自己的策略，自己的处境就会更差但个人的理性会导致集体的不理性。

纵观现实社会，“囚徒困境”依然存在。以中学补课为例，如果大家都选择不补课，孩子们学习压力小，都可以学得轻松自然；如果都补课，大家就要承受更多的压力，学得辛苦，这就是所谓的“内卷”。然而在当前状态下，没有学生愿意冒不补课的风险，因为那样会导致自己学习成绩掉队，造成更大的损失，因此，大家都去补课是该问题的均衡组合，“囚徒困境”再次出现。

二、完全信息动态对策

在完全信息静态对策中是假设各方都同时选择行动。现在情况稍复杂一些。如果各方行动存在先后顺序，后行动的一方会参考先行者的策略而采取行动，而先行者也会知道后行者会根据他的行动采取何种行动，因此先行者会考虑自己行动会对后行者造成怎样的影响后选择行动。这类问题称为完全信息动态对策问题。

【例 6–6】某行业中只有一个垄断企业 A，有一个潜在进入者企业 B。B 可以选择进入或不进入该行业这两种行动，而当 B 进入时，A 可以选择默认或者报复两种行动。如果 B 进入后 A 报复，将造成两败俱伤的结果；但如果 A 默认 B 进入，必然对 A 的收益造成损失；如果 B 不进入该行业，则 B 无收益而 A 不受损。把此关系用图 6–2 表示。

		企业A	
		默许	报复
企业B	进入	50, 100	−20, 0
	不进入	0, 200	0, 200

图 6-2　企业行动的影响关系

假设 B 进入该行业，A 只能选择默许，因为这样可以得到 100 的收益，而报复后只能得到 0。假设 A 选择报复，B 只能选择不进入，因为进入损失更大。因此“B 选择不进入，A 选择报复”和“B 选择进入，A 选择默许”都是纳什均衡解，都能达到均衡。

但在实际中，“B 选择不进入，A 选择报复”这种情况是不可能出现的，或者说，A 选择报复行动是不可置信地威胁，因为 B 知道他如果进入，A 只能默许，所以只有“B 选择进入，A 选择默许”会发生。对策论的术语中，称“B 选择进入，A 选择默许”为精炼纳什均衡。当只当参与人的战略在每一个子对策中都构成纳什均衡，这个纳什均衡才称为精炼纳什均衡。当然，如果 A 下定决心一定要报复 B，即使自己暂时损失，这时威胁就变成了可置信的，B 就会选择不进入，“B 选择不进入，A 选择报复”就成为精炼纳什均衡。军事交战时，“破釜沉舟”讲的就是一种可置信威胁。实际企业经营中也有很多类似的例子，比如行业中的领导企业通常会想方设法增大报复的威胁，就像新建一些平时根本不用的生产线，对外宣称如果其他企业进入该行业，这些空闲的生产线就马上生产，提高产量，从而对新进入者造成打击。这种威胁显然是很有威慑力的。

三、多人非合作对策

有三个或三个以上局中人参加的对策称为多人对策。多人对策同样也是对策方在意识到其他对策方的存在，且清楚其他对策方对自己决策会产生反应和反作用存在的情况下寻求自身最大利益的决策活动。因而，它们的基本性质和特征与二人对策是相似的，可以用研究二人对策同样的思路和方法来研究它们，或将二人对策的结论推广到多人对策。不过，毕竟多人对策中出现了更多的追求各自利益的独立决策者，因此，策略的相互依存关系也就更为复杂，对任一对策方的决策引起的反应也就要比二人对策复杂得多。并且，在多人对策中还有一个与二人对策有本质区别的特点，即可能存在“破坏者”。所谓“破坏者”，即一个对策中具有下列特征的对策方：其策略选择对自身的得益没有任何影响，却会影响其他对策方的得益，有时这种影响甚至有决定性的作用，如三个城市争夺某届奥运会的主办权。

多人对策可以分为合作的和非合作的。非合作对策顾名思义，就是局中人之间不存在合作，即各局中人在采取行动之前，没有事先的交流和约定，在其行为发生相互作用时，也不会达成任何有约束力的协议，每个局中人都选择令自己最有利的策略以使效用水平最大化。然而，在非合作对策中，双方的利益也并非完全冲突，即对一个局中人有利的局势并不一定对其他局中人不利。

四、非零和对策

所谓零和对策，就是一方的收益必定是另一方的损失。这种对策的特点是不管各局中人如何决策，最后各局中人得益之和总是为零。有某些对策中，每种结果之下各局中人的得益之和不等于 0，但总是等于一个非零常数，就称为常和对策。当然，可以将零和对策本身看作是常和对策的特例。

零和对策和常和对策之外的所有对策都可称为非零和对策。非零和对策意味着在不同策略组合(结果)下各局中人的得益之和一般是不相同的。例如，前述囚徒困境就是典型的非零和对策。应该说，非零和对策是最一般的对策类型，而常和对策和零和对策都是它的特例。在非零和对策中，存在着总得益较大的策略组合和总得益较小的策略组合之间的区别，这也就意味着在局中人之间存在着互相配合，争取较大的总得益和个人得益的可能性。

二人零和对策是完全对抗性的，总得益为 0，其解法可根据矩阵对策予以求解，但在非零和对策下，矩阵对策的解法已经不适用了，下面用例子予以说明。

【例 6-7】甲乙两公司生产同一产品，均想以登广告的方式扩大产品销售，每家公司都有“登”与“不登”两种策略，双方的得益矩阵如图 6-3 所示。

		乙公司：登	乙公司：不登
甲公司	登	3，2	9，-3
	不登	-2，8	6，5

图 6-3 得益矩阵

根据得益矩阵来分析，从甲公司立场上看，登有利，不管乙公司如何，保证盈利至少是 3，最多是 9。如果不登，可能要蒙受损失 2；从乙公司的立场上看，同样理由，还是登广告好。但是，这是从理智行为出发的策略，是以彼此不能合作为前提的。上述两家公司均采取登广告的策略是稳定的结局。可是，如果彼此能够合作，而都不登广告，免去了广告费，反而各自的盈利更多；在彼此不能合作的情况下，如果甲不登，恰好乙登，甲只好出现败局，这是非理智的策略，带有危险性。因此，非零和对策常常不易获得最理想的答案。对于三个以上局中人的多人零和对策，互相利害关系更加复杂，局中人之间还有相互结盟的可能性，也有不结盟的对策，还有连续对策。想研究这些对策，同学们可以阅读相关专门书籍。

延伸阅读

文章节选自《习近平：高举中国特色社会主义伟大旗帜 为全面建设社会主义现代化国家而团结奋斗——在中国共产党第二十次全国代表大会上的报告》

我们全面推进中国特色大国外交，推动构建人类命运共同体，坚定维护国际公平正义，倡导践行真正的多边主义，旗帜鲜明地反对一切霸权主义和强权政治，毫不动摇地反对任何单边主义、保护主义、霸凌行径。我们完善外交总体布局，积极建设覆盖全球的伙伴关系网络，推动构建新型国际关系。我们展现负责任的大国担当，积极参与全球治理体系改革和建设，全面开展抗击新冠疫情的国际合作，赢得广泛国际赞誉，我国的国际影响力、感召力、塑造力显著提升。

新华社北京 2022 年 10 月 25 日电

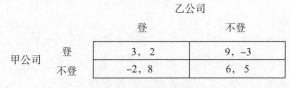

本章学习小结

商业环境中，企业的管理决策往往受到其他企业决策的影响，决策过程如果建立在深入分析对手决策的基础上，势必能帮助企业在激烈的竞争中以智取胜。本章介绍了博弈论的基本概念，讲解了矩阵对策的基本知识，并通过求解矩阵对策的最优纯策略和混合策略的解，让学生掌握博弈论的基础知识，最后介绍了其他类型的博弈形式，扩展相关的基础知识。

通过案例分析，引导学生主动提出问题、分析问题并解决问题，培养学生的自主学习能力和解决实际问题的能力。不仅提升了学生的专业知识和技能，而且加强了他们的思想道德素质和社会责任感，符合现代教育对于全面人才培养的需求。

思考题

1. 博弈论的定义是什么？

2. 举出现实生活中博弈的三个实例，并说明它们有什么特点？

3. 局中人、策略集、赢得(支付)函数指的是什么？

4. 什么是最优纯策略？如何求出矩阵对策的最优纯策略？

5. 什么是混合策略？如何求解混合策略？

6. 完全信息静态对策、完全信息动态对策、多人非合作对策、非零和对策分别指的是什么样的对策？

课后练习题

1. 求解下列的矩阵对策，并明确回答它们有没有鞍点。

(1) $\begin{bmatrix} -2 & 12 & -4 \\ 1 & 4 & 8 \\ -5 & 2 & 3 \end{bmatrix}$　　(2) $\begin{bmatrix} 2 & 2 & 1 \\ 3 & 4 & 4 \\ 2 & 1 & 6 \end{bmatrix}$

(3) $\begin{bmatrix} 2 & 7 & 2 & 1 \\ 2 & 2 & 3 & 4 \\ 3 & 5 & 4 & 4 \\ 2 & 3 & 1 & 6 \end{bmatrix}$　　(4) $\begin{bmatrix} 9 & 3 & 1 & 8 & 0 \\ 6 & 5 & 4 & 6 & 7 \\ 2 & 4 & 3 & 3 & 8 \\ 5 & 6 & 2 & 2 & 1 \\ 3 & 2 & 3 & 5 & 4 \end{bmatrix}$

2. 试证明在矩阵对策 $\boldsymbol{A}=\begin{bmatrix} a_{11} & a_{12} \\ a_{21} & a_{22} \end{bmatrix}$ 中，不存在鞍点的充要条件是有一条对角线的每一元素大于另一条对角线上的每一元素。

3. 先处理下列矩阵对策中的优超现象，再利用公式法求解。

$$\boldsymbol{A}=\begin{bmatrix} 3 & 4 & 0 & 3 & 0 \\ 5 & 0 & 2 & 5 & 9 \\ 7 & 3 & 9 & 5 & 9 \\ 4 & 6 & 8 & 7 & 6 \\ 6 & 0 & 8 & 8 & 3 \end{bmatrix}$$

4. 利用图解法求解下列矩阵对策。

(1)$\boldsymbol{A}=\begin{bmatrix}2 & 7\\6 & 4\\11 & 2\end{bmatrix}$　　(2)$\boldsymbol{A}=\begin{bmatrix}1 & 3 & 10\\8 & 5 & 2\end{bmatrix}$

5. 已知矩阵对策

$$\boldsymbol{A}=\begin{bmatrix}4 & 0 & 0\\0 & 0 & 8\\0 & 6 & 0\end{bmatrix}$$

的解为 $x^*=(6/13,\ 3/13,\ 4/13)$，$y^*=(6/13,\ 4/13,\ 3/13)^{\mathrm{T}}$，对策值为 24/13，求下列矩阵对策的解。

(1) $\begin{bmatrix}6 & 2 & 2\\2 & 2 & 10\\2 & 8 & 2\end{bmatrix}$　　(2) $\begin{bmatrix}-2 & -2 & 2\\6 & -2 & -2\\-2 & 4 & -2\end{bmatrix}$

(3) $\begin{bmatrix}32 & 20 & 20\\20 & 20 & 44\\20 & 38 & 20\end{bmatrix}$

6. 用线性规划方法求解下列矩阵对策。

(1) $\begin{bmatrix}1 & 0 & 3 & 4\\-1 & 4 & 0 & 1\\2 & 2 & 2 & 3\\0 & 4 & 1 & 1\end{bmatrix}$　　(2) $\begin{bmatrix}1 & 2 & 3\\4 & 0 & 1\\2 & 3 & 0\end{bmatrix}$

7. 试用线性规划方法求解下列矩阵对策。

(1) $\begin{bmatrix}8 & 2 & 4\\2 & 6 & 6\\6 & 4 & 4\end{bmatrix}$　　(2) $\begin{bmatrix}2 & 0 & 2\\0 & 3 & 1\\1 & 2 & 1\end{bmatrix}$

8. 试写出“石头 · 剪刀 · 布”两碰吃游戏的赢得矩阵并求解双方的最优策略。

第 7 章　图与网络分析

知识目标

了解图论的起源和发展历史；
理解图论的基本概念：边、弧、无向图、有向图、树等；
掌握最小支撑树的求解方法；
掌握最短路的求解方法；
了解最大流、最小费用最大流的求解方法；
掌握中国邮递员问题的求解方法。

能力目标

知识获取能力：自主学习、独立思考、反复演练算法。
知识应用能力：能够应用所学知识解决现实问题。
创新能力：能够应用所学知识设计研究其他的图和网络有关优化问题。

本章内容要点

图的基本概念与基本定理、树、最小支撑树、最短路径问题、网络系统最大流问题、网络系统最小费用最大流问题。

核心概念

图论、边、弧、无向图、有向图、树、最小支撑树问题、最短路径问题、网络、最大流问题、最小费用最大流问题、中国邮递员问题。

引导案例

设有一批货物从图 7-1 所示单行线交通网的 v_1 运送到 v_8，每一条边上的数字代表该段路线的长度，每个弧旁边的数字表示这条单行线的长度。现在要从 v_1 出发，经过这个交通网到达 v_8，如何寻求总路程最短的运输线路？

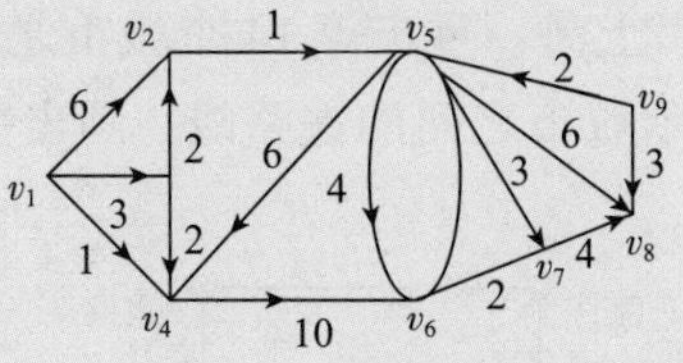

图 7-1　单行线交通网

案例思考题：

1. 分析上面案例有什么特点，思考实际问题中类似的情况和需要解决的问题。

2. 对于这类问题，应关心哪些事情？如何求解？如果得到了有关信息，可以进一步做些什么有益的工作？

图论是应用十分广泛的运筹学分支，它已广泛应用在物理学、化学、控制论、信息论、科学管理、电子计算机等各个领域。在实际生活、生产和科学研究中，有很多问题可以用图论的理论和方法来解决。例如，在组织生产中，为完成某项生产任务，各工序之间怎样衔接，才能使生产任务完成得既快又好；一个邮递员送信，要走完他负责投递的全部街道，完成任务后回到邮局，应该按照怎样的路线走，所走的路程最短。再如，各种通信网络的合理架设、交通网络的合理分布等问题，应用图论的方法求解都很简便。

欧拉在 1736 年发表图论方面的第一篇论文，解决了著名的哥尼斯堡七桥问题。哥尼斯堡城中有一条河叫普雷格尔河，该河中有两个岛，河上有七座桥，如图 7-2(a)所示。

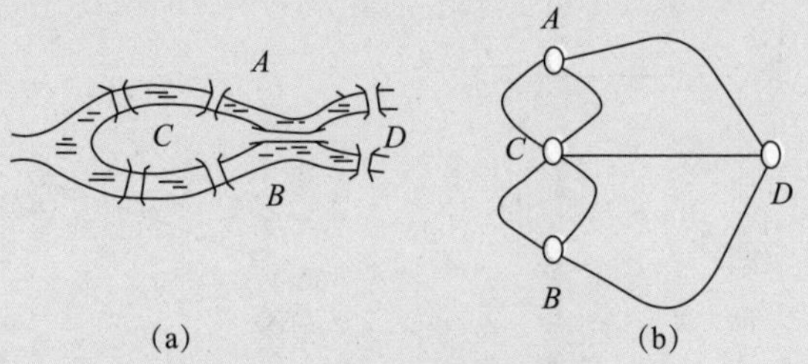

图 7-2　哥尼斯堡七桥问题

当时那里的居民热衷于这样的问题：一个散步者能否走过七座桥，且每座桥只走过一次，最后回到出发点。1736 年欧拉将此问题归结为如图 7-2(b)所示图形的一笔画问题，即能否从某一点开始，不重复地一笔画出这个图形，最后回到出发点。欧拉证明了这是不可能的，因为图 7-2(b)中的每个点都只与奇数条线相关联，不可能将这个图不重复地一笔画成。这是古典图论中的一个著名问题。

随着科学技术的发展以及电子计算机的出现与广泛应用，20 世纪 50 年代，图论得到进一步发展。将庞大复杂的工程系统和管理问题用图描述，可以解决很多工程设计和管理决策的最优化问题，如完成工程任务的时间最少、距离最短、费用最省等。图论在数学、工程技术及经营管理等各个方面越来越受到广泛的重视。

第 1 节　图的基本概念

在实际的生产和生活中，人们为了反映事物之间的关系，常常在纸上用点和线来画出各式各样的示意图。我国北京、上海、重庆等 14 个城市之间的铁路交通可以通过用点表示城市，用点与点之间的线表示城市之间的铁路线，画出关系示意图。14 个城市之间的铁路交通示意图如图 7-3 所示。

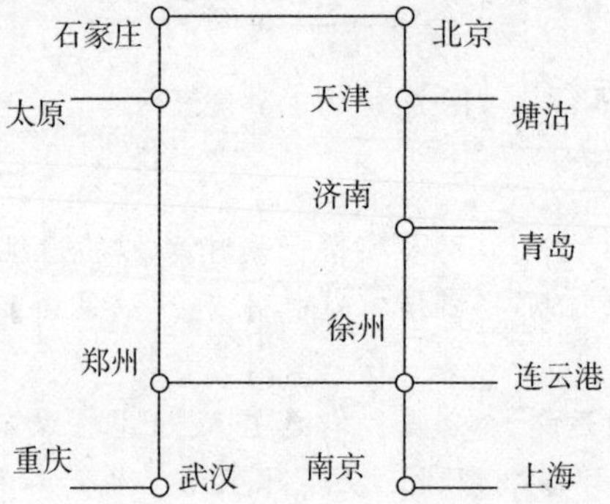

图 7-3　铁路交通示意图

诸如此类还有城市中的市政管道图、民用航空线图等。

图论中图由点和边构成，可以反映一些对象之间的关系。在实际生活中，人们为了反映一些对象之间的关系，常常在纸上用点和线画出各种各样的示例，例如，在一个人群中，他们相互认识的关系可以用图来表示，图 7-4 就是一个表示这种关系的图。

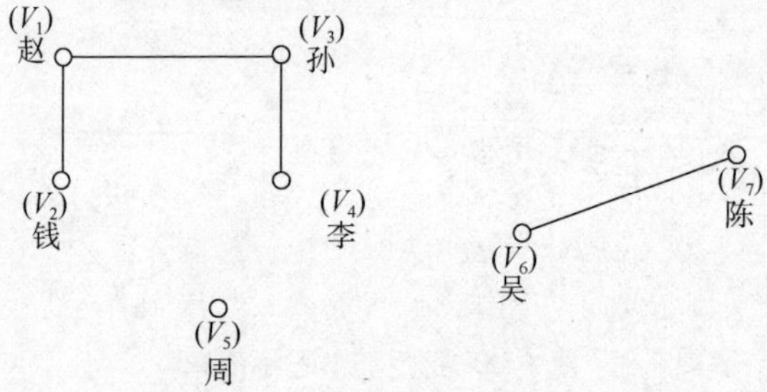

图 7-4　人物关系图(1)

当然图论不仅要描述对象之间的关系，还要研究特定关系之间的内在规律，一般情况下图中点的相对位置如何、点与点之间连线的长短曲直，对于反映对象之间的关系并不是重要的，如对赵等 7 人的相互认识关系也可以用图 7-5 来表示，可见图论中的图与几何图、工程图是不一样的。

如果把上面例子中的“相互认识”关系改为“认识” 的关系，那么只用两点之间的连线就很难刻画他们之间的关系了，这时引入一个带箭头的连线，称为弧。图 7-6 就是一个反映这 7 人“认识”关系的图。相互认识用两条反向的弧表示。

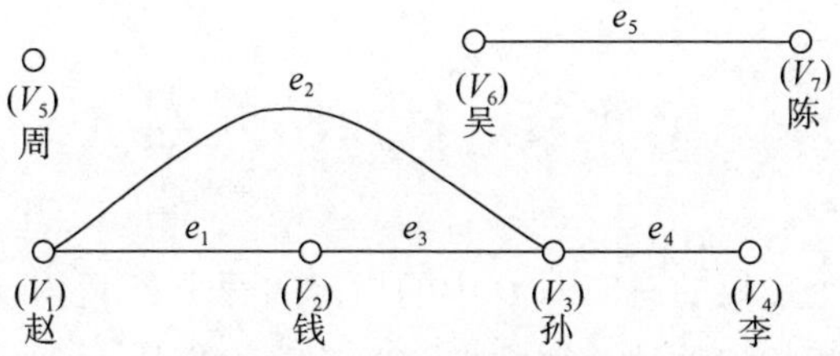

图 7-5　人物关系图(2)

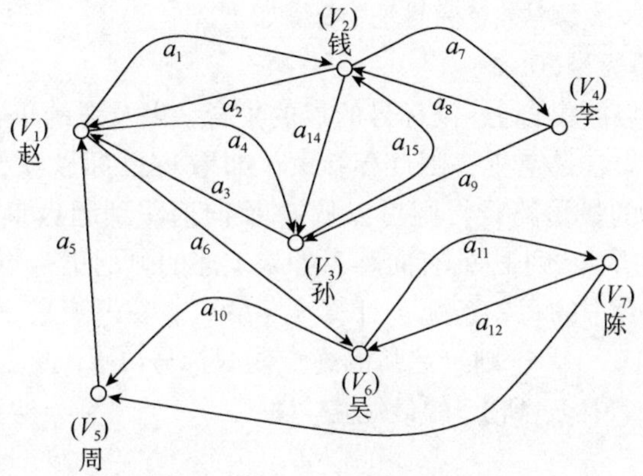

图 7-6　人物关系图(3)

因此，给出以下几个基本概念。

(1)无向图：由点和边构成的图，记作 $G=(V,\ E)$。

(2)有向图：由点和弧构成的图，记作 $D=(V,\ A)$。

(3)连通图：对无向图 G，若任何两个不同的点之间，至少存在一条链，则图 G 为连通图。

(4)回路：若路的第一个点和最后一个点相同，则该路为回路。

(5)赋权图：对一个无向图 G 的每一条边 $(v_i,\ v_j)$，相应地有一个数 w_{ij}，则图 G 称为赋权图，w_{ij} 称为边 $(v_i,\ v_j)$ 上的权。

(6)网络：在赋权的有向图 D 中指定一点，称为发点，指定另一点称为收点，其他点称为中间点，并把 D 中的每一条弧的赋权数称为弧的容量，D 称为网络。

(7)树：一个无圈的连通图称为树。

(8)支撑子图：给了一个图 $G=(V,\ E)$，如果 $G'=(V',\ E')$，使 $V=V'$ 及 $E'\subseteq E$，则称 G' 是 G 的一个支撑子图。

(9)支撑树：设图 $T=(V,\ E')$ 是图 $G=(V,\ E)$ 的支撑子图，如果图 $T=(V,\ E')$ 是一个树，则称 T 是 G 的一棵支撑树。

(10)最小支撑树：如果 $T=(V,\ E')$ 是 G 的一棵支撑树，则 E' 中所有边的权之和称为支撑树 T 的权，记为 $\omega(T)$：$\omega(T)=\sum\limits_{[v_i,\ v_j]\in T}\omega_{ij}$。如果支撑树 T^* 的权 $\omega(T^*)$ 是 G 的所有支撑树的权中最小者，则称 T^* 是 G 的最小支撑树(简称最小树)，即式 $\omega(T^*)=\min\limits_{T}\omega(T)$ 中对 G 的所有支撑树 T 取最小。

第 2 节　最短路问题

最短路问题：对一个赋权的有向图 D 中的指定的两个点 V_s 和 V_t，找到一条从 V_s 到 V_t 的路，使这条路上所有弧的权数的总和最小，这条路称为从 V_s 到 V_t 的最短路。这条路上所有弧的权数的总和称为从 V_s 到 V_t 的距离。

求解最短路的 Dijkstra 算法(双标号法)步骤如下。

(1)给出点 V_1 给予标号$(0, s)$。

(2)找出已标号的点的集合 I、没标号的点的集合 J 以及弧的集合。

(3)如果上述弧的集合是空集，则计算结束；如果 V_t 已标号(l_t, k_t)，则 V_s 到 V_t 的距离为 l_t，而从 V_s 到 V_t 的最短路径，则可以从 k_t 反向追踪到起点 V_s 而得到；如果 V_t 未标号，则可以断言不存在从 V_s 到 V_t 的有向路；如果上述的弧的集合不是空集，则转下一步。

(4)对上述弧的集合中的每一条弧，计算 $s_{ij}=l_i+c_{ij}$。在所有的 s_{ij} 中，找到其值为最小的弧。不妨设此弧为(V_c, V_d)，则给此弧的终点以双标号(scd, c)，返回步骤(2)。

【例 7-1】求图 7-7 中 V_1 到 V_6 的最短路。

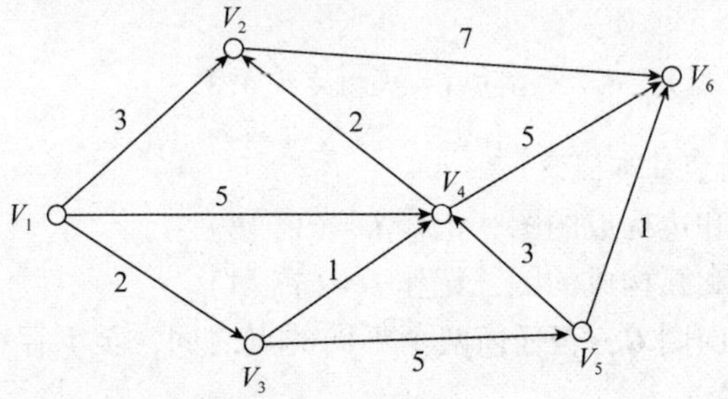

图 7-7　路径图

解：采用 Dijkstra 算法，Dijkstra 算法的步骤可以用表 7-1 的方法进行计算，下面将对该算法进行阐述和说明。

表 7-1　Dijkstra 算法计算表格

项目		V_2	V_3	V_4	V_5	V_6
起点 V_1	Step1					
	Step2					
	Step3					
	Step4					
	Step5					

表 7-1 可以计算起点 V_1 到其他所有点(V_2，V_3，V_4，V_5，V_6)的最短路径。由于有5 个点，所以经过 5 个步骤可以计算出 V_1 到其他所有点(V_2，V_3，V_4，V_5，V_6)的最短路径。以下将计算过程加以说明，如表 7-2 所示。

表 7-2　Dijkstra 算法计算过程(一)

项目		V_2	V_3	V_4	V_5	V_6
起点 V_1	Step1	3	2	5	M	M
	Step2	3		min(5，2+1)=3	2+5=7	M
	Step3			3	7	3+7=10
	Step4				7	min(10，3+5)=8
	Step5					min(8，7+1)=8

Step1：从 V_1 开始计算，根据图 7-7 可知，与 V_1 相邻接的点有 V_2，V_3和 V_4(注意：与 V_1 相邻接，V_1 是前向点，V_2，V_3和 V_4 是后向点)，路权分别是 3，2 和 5，因此在第一行 V_2，V_3 和 V_4 列分别填入数字 3，2，5。V_5 和 V_6 没有和 V_1 相邻，填入 M(表示无穷大)。min(2，3，5)=2，对应的点是 V_3，在数字“2”下面画一条“—”，如表 7-3 所示。Step1 完成，找到了一条最短路径：V_1 到 V_3。

Step2：Step1 找到了一条到 V_3 的最短路径，与 V_3 相邻接的点有 V_4 和 V_5(注意：与 V_3 相邻接，V_3 是前向点，V_4和 V_5 是后向点，以下不再重复说明)，路权分别是 1 和 5。因此在第二行 V_2列仍然填 3。V_3 列已经找到最短路径，因此不填。V_4 列，在 Step1 中填 5，又和 V_3 邻接，需要把 V_3 到 V_4 的总长与 Step1 行中 V_1 到 V_4 的总长进行比较，选取更短的路径，由于 min(5，2+1)=3，因此 Step2 行 V_4 列填入 3。V_5 列在 Step1 行中是 M，且与 V_3 相邻接，因此更新为 2+5=7(V_1 到 V_3 的最短路径总长加上 V_3 到 V_5 的路权)。Step2 行中 V_6 列仍填 M。min(3，3，7)=3，对应的点为 V_2和 V_4，选取下标最小的点 V_2，在数字“3”下面画一条“—”。Step2 完成，找到了另外一条最短路径：V_1 到 V_2。

重复以上 Step1 和 Step2，直至 Step5，计算完成，计算结果和过程如表 7-2 所示。

如果对计算过程熟悉，可以不用写出计算过程，直接将数字填入表 7-3 中。

表 7-3　Dijkstra 算法计算过程(二)

项目		V_2	V_3	V_4	V_5	V_6
起点 V_1	Step1	3	$\underline{2}$	5	M	M
	Step2	$\underline{3}$		3	7	M
	Step3			3	7	10
	Step4				7	8
	Step5					8(V_5)

从表 7-2(或表 7-3)中读出 V_1 到 V_6 的最短路径。首先看 V_6 列，Step5 列中的 8 可以由 V_5 构成，也可以由 Step4 列中的 V_4(Step3 中找到 V_1 到 V_4 的最短路径)构成，因此 V_1 到 V_6 的最短路径有两条，分别是 $V_1 \to V_3 \to V_4 \to V_6$ 和 $V_1 \to V_3 \to V_5 \to V_6$。

其中，最短路径为 $V_1 \to V_3 \to V_4 \to V_6$，各点的标号如图 7-8 所示。

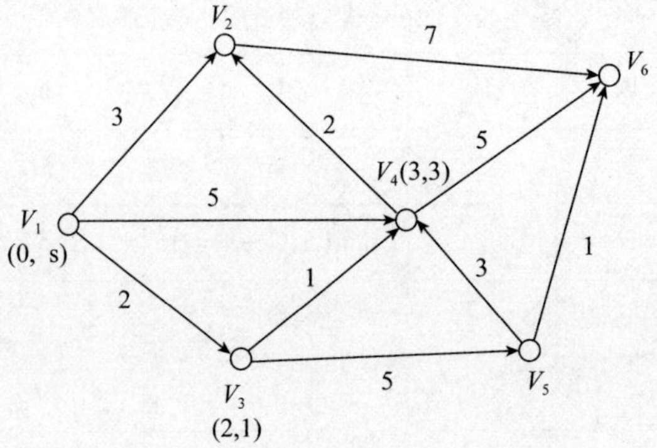

图 7-8　各点的标号

【例 7-2】电信公司准备在甲、乙两地沿路架设一条光缆线，问如何架设能使光缆线路最短？图 7-9 给出了甲、乙两地间的交通图，权数表示两地间公路的长度(单位：km)。

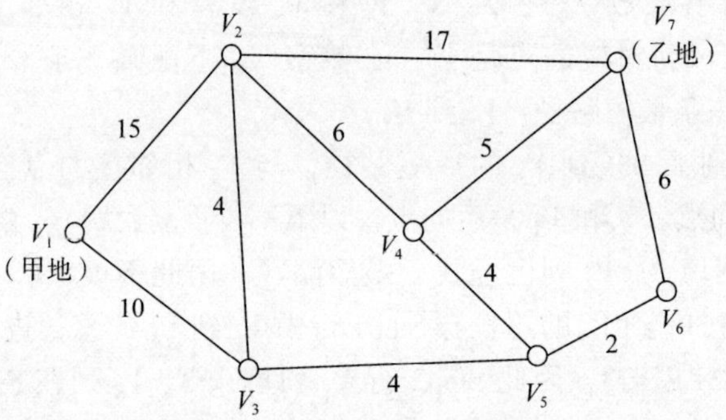

图 7-9　甲、乙两地间的交通图

解：这是一个求无向图最短路的问题。可以把无向图的每一边(V_i, V_j)都用方向相反的两条弧(V_i, V_j)和(V_j, V_i)代替，化为有向图，即可用 Dijkstra 算法来求解，如表 7-4 所示。

表 7-4　计算过程及结果

项目		V_2	V_3	V_4	V_5	V_6	V_7
起点 V_1	Step1	15	10	M	M	M	M
	Step2	13		M	14	M	M
	Step3			19	14	M	32
	Step4			18		16	32
	Step5			18			22
	Step6						22

由表 7-4 可知，最短路径为 $V_1 \to V_3 \to V_5 \to V_6 \to V_7$，路径总长为 22。

第 3 节 最大流问题

最大流问题：给一个带收发点的网络，其每条弧的赋权称为容量。在不超过每条弧的容量的前提下，求出从发点到收点的最大流量。

一、最大流的数学模型

【例 7-3】某石油公司拥有一个管道网络，使用这个网络可以把石油从开采地运送到销售点，这个网络的一部分如图 7-10 所示。由于管道直径的变化，各段管道 (v_i, v_j) 的流量 c_{ij}（容量）也是不一样的。c_{ij} 的单位为万加仑①/h。如果使用这个网络系统从开采地 v_1 向销售点 v_7 运送石油，问：每小时能运送多少加仑石油？

解：可以为此例题建立线性规划数学模型，具体如下。

设弧 (v_i, v_j) 上流量为 f_{ij}，网络上总的流量为 F，则有

$$\max F = f_{12} + f_{14}$$
$$f_{12} = f_{23} + f_{25}$$
$$f_{14} = f_{43} + f_{46} + f_{47}$$
$$f_{23} + f_{43} = f_{35} + f_{36}$$
$$f_{25} + f_{35} = f_{57}$$
$$f_{36} + f_{46} = f_{67}$$
$$f_{57} + f_{67} + f_{47} = f_{12} + f_{14}$$
$$f_{ij} \leqslant c_{ij},\ i = 1, 2, \cdots, 6;\ j = 1, 2, \cdots, 7$$
$$f_{ij} \geqslant 0,\ i = 1, 2, \cdots, 6;\ j = 1, 2, \cdots, 7$$

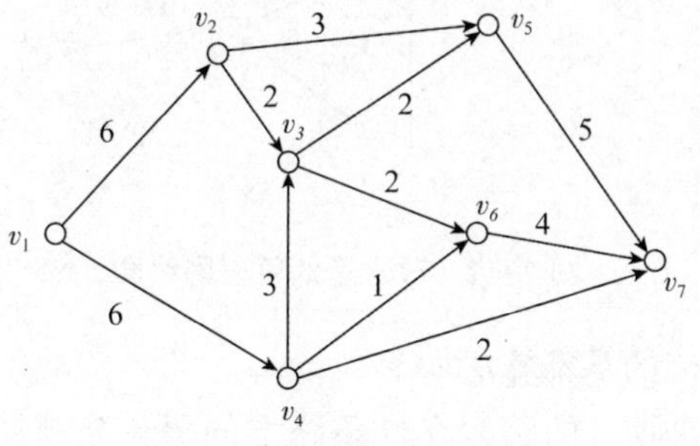

图 7-10 管道网络图

在这个线性规划模型中，其约束条件中的前 6 个方程表示了网络中的流量必须满足守恒条件，发点的流出量必须等于收点的总流入量；其余的点称为中间点，它的总流入量必须等于总流出量；其后面几个约束条件表示对每一条弧 (v_i, v_j) 的流量 f_{ij} 要满足流量的可行条件，应小于或等于弧 (v_i, v_j) 的容量 c_{ij}，并大于或等于 0，即 $0 \leqslant f_{ij} \leqslant c_{ij}$。满足守恒条

① 加仑是一种容（体）积单位，分为英制加仑和美制加仑。1 加仑（美）= 3. 785 412×10^{-3} m^3，1 加仑（英）= 4. 546 092×10^{-3} m^3。

件及流量可行条件的一组网络流 $\{f_{ij}\}$ 称为可行流，即线性规划的可行解，可行流中一组流量最大(发出点总流出量最大)的称为最大流(线性规划的最优解)。

把【例 7-3】的数据代入以上线性规划模型，用相关运筹学运算软件，马上得到以下的结果：$f_{12}=5$，$f_{14}=5$，$f_{23}=2$，$f_{25}=3$，$f_{43}=2$，$f_{46}=1$，$f_{47}=2$，$f_{35}=2$，$f_{36}=2$，$f_{57}=5$，$f_{67}=3$；最优值(最大流量)$F=10$。

二、最大流问题网络图论的解法

对网络上弧的容量表示做改进，即省去弧的方向，例如，图 7-11(a)和(b)、图 7-11(c)和(d)的意义相同。

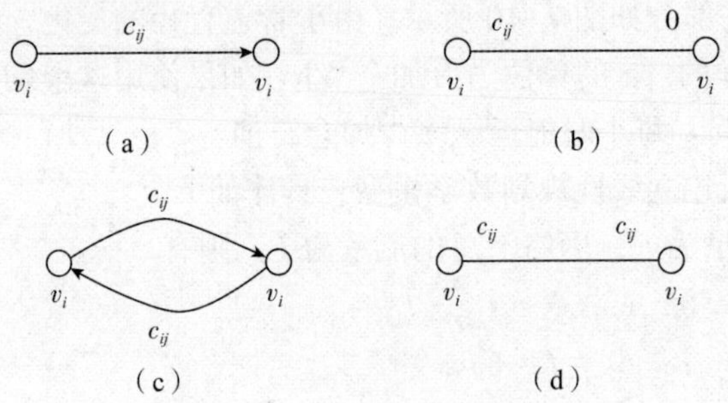

图 7-11　图的改进

用以上方法对【例 7-3】的图 7-10 中的容量标号做改进，得到图 7-12，图中虚线表示该路径已经饱和。

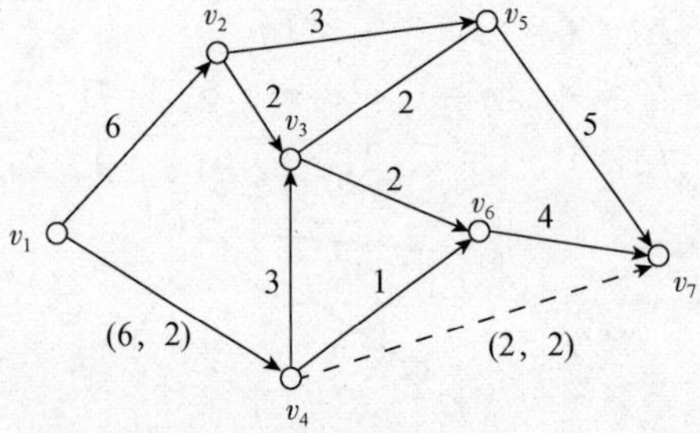

图 7-12　改进后的管道网络图

使用网络图论求最大流的基本算法如下。

(1)找出一条从发点到收点的路，在这条路上的每一条弧顺流方向的容量都大于 0。如果不存在这样的路，则已经求得最大流。

(2)找出这条路上各条弧中最小的顺流容量 pf，通过这条路增加网络的流量 pf。

(3)在这条路上，减少每一条弧的顺流容量 pf，同时增加这些弧的逆流容量 pf，返回步骤(1)。

用此方法对【例 7-3】求解。

第一次迭代：选择路为 $v_1 \to v_4 \to v_7$。弧(v_4, v_7)的顺流容量为 2，决定了 pf=2，改进的网络流量图如图 7-13 所示，图中虚线表示该路径已经饱和。

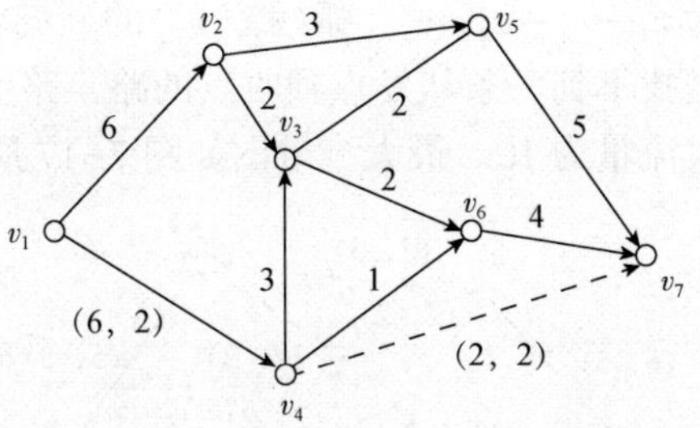

图 7-13　第一次迭代的网络图

第二次迭代：选择路为 $v_1 \to v_2 \to v_5 \to v_7$。弧 (v_2, v_5) 的顺流容量为 3，决定了 pf=3，改进的网络流量图如图 7-14 所示。

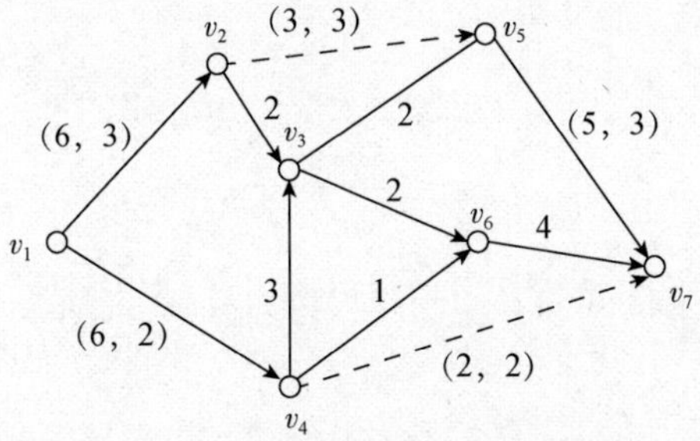

图 7-14　第二次迭代的网络图

第三次迭代：选择路为 $v_1 \to v_4 \to v_6 \to v_7$。弧 (v_4, v_6) 的顺流容量为 1，决定了 pf=1，改进的网络流量图如图 7-15 所示。

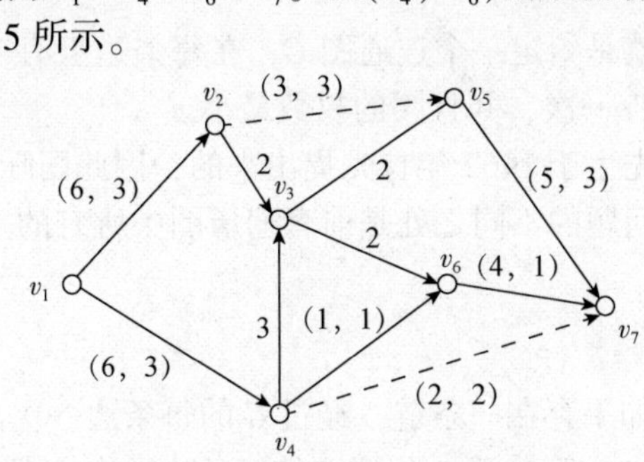

图 7-15　第三次迭代的网络图

第四次迭代：选择路为 $v_1 \to v_4 \to v_6 \to v_7$。弧 (v_3, v_6) 的顺流容量为 2，决定了 pf=2，改进的网络流量图如图 7-16 所示。

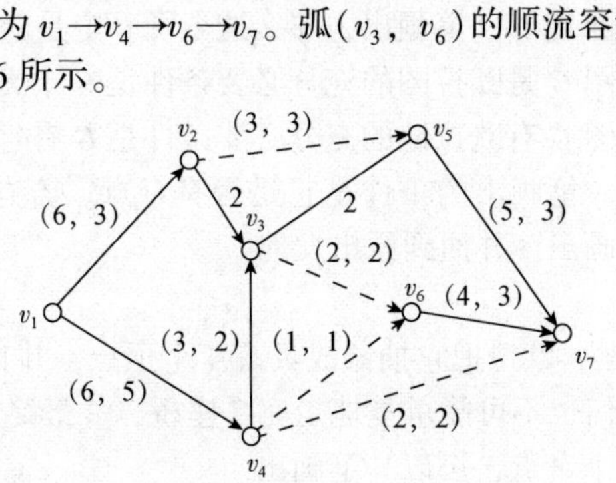

图 7-16　第四次迭代的网络图

第五次迭代：选择路为 $v_1 \to v_4 \to v_6 \to v_7$。弧$(v_2, v_3)$的顺流容量为 2，决定了 pf=2，经过第五次迭代后在图中已经找不到一条从发点到收点的路，路上的每一条弧顺流容量都大于零，运算停止，得到最大流量为 10。最大流量图如图 7-17 所示，并作出截集。

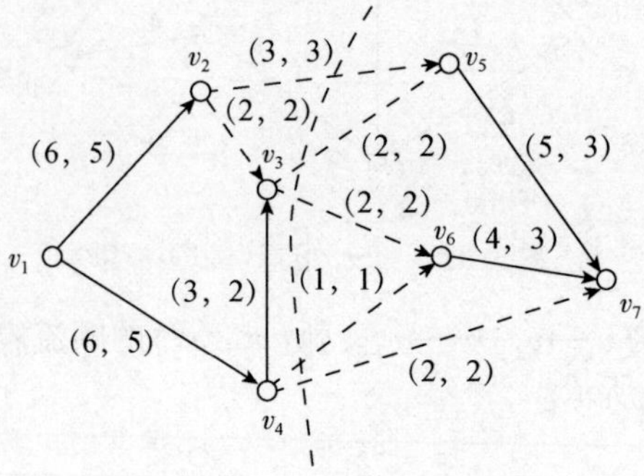

图 7-17　第五次迭代的网络图

第 4 节　中国邮递员问题

中国邮递员问题又称中国邮路问题。一个邮递员从邮局出发，每天需要将邮件投递到他自已辖区的客户手中，完成任务后回到邮局，应如何安排其行走路线使得总的行程最短。

用图的语言来描述，就是给定一个连通图 G，在每条边上有一个非负的权，要寻求一个圈，经过 G 的每条边至少一次，并且圈的权数最小。

此问题是我国管梅谷先生于 1962 年首先提出来的，因此国际上称它为中国邮路问题。

推销员问题与邮递员问题的不同之处是前者遍历图中所有的点，而后者是遍历图中所有的边。

1. 欧拉图(一笔画问题)

设连通多重图 G 中，如果存在一条链，经过 G 的每条边一次且仅一次，那么这条链称为欧拉链；如在 G 中存在一个简单圈，经过 G 的每条边一次，那么这个圈称为欧拉圈。

有欧拉圈的图称为欧拉图。

很明显，一个图 G 如果能够一笔画出，那么这个图一定是欧拉图或者含有欧拉链。

定理：一个连通多重图 G 是欧拉图的充分必要条件是 G 中无奇点。

推论：一个多重连通图 G 有欧拉链的充分必要条件是 G 有且仅有两个奇点。

识别一个连通图能否一笔画出的条件是它是否有奇点。若有奇点，就不能一笔画出；若没有奇点，就能够一笔画出，并回到原出发地。

欧拉图举例如下。

考虑哥尼斯堡七桥问题，欧拉把它抽象成具有 4 个顶点，并且都是奇点的图 7-18(a)。因此，一个漫步者无论如何也不可能重复地走完 7 座桥，并最终回到原出发地。

图 7-18(b)中仅有两个奇点，可以一笔画出。

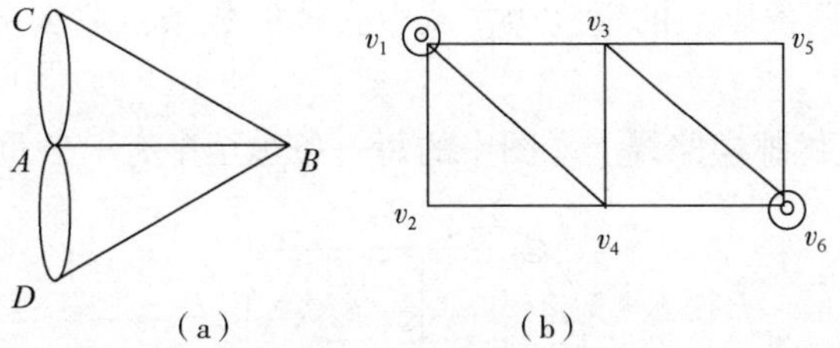

（a）　　（b）

图 7-18　欧拉图

2. 图上作业法

从一笔画问题的讨论可知，在一个邮递员所负责投递的街道范围内，如果街道构成的图中没有奇点，那么他就可以从邮局出发，经过每条街道一次且仅一次，并最终回到原出发地。但是，如果街道构成的图中有奇点，他就必然要在某些街道重复走几次。

中国邮路问题也可以表示为：

在一个有奇点的连通图中，要求增加一些重复边，使得新的连通图不含有奇点，并且增加的重复边总权最小。

把增加重复边后不含奇点的新的连通图称为邮递路线，而总权最小的邮递路线称为最优邮递路线。

中国邮路问题用图上作业法求解的步骤如下。

(1)初始邮递路线的确定方法。

由于任何一个图中，奇点的个数为偶数，所以如果一个连通图有奇点，就可以把它们两两配成对，而每对奇点之间必有一条链(图是连通的)，因此可以把这条链的所有边作为重复边追加到图中，这样得到的新连通图必无奇点，这就给出了初始投递路线。

在图 7-19 中，v_1 是邮局所在地，并有 4 个奇点 v_2，v_4，v_6，v_8，将奇点两两配对，如 v_2 和 v_4，v_6 和 v_8。

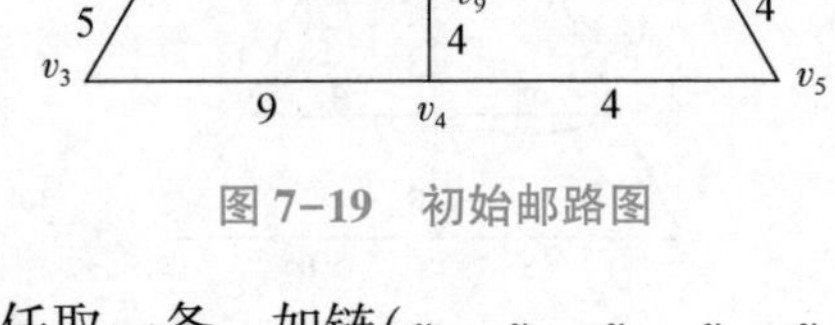

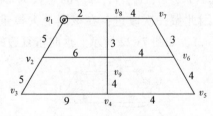

图 7-19　初始邮路图

在连接 v_2 和 v_4 的链中任取一条，如链(v_2，v_1，v_8，v_7，v_6，v_5，v_4)，在图中依次加入重复边；同理，在连接 v_6 和 v_8 的链中任取一条，如(v_8，v_1，v_2，v_3，v_4，v_5，v_6)，在图中依次加入重复边。于是，可得到一个没有奇点的欧拉图。对于这条邮递路线，重复边的总长为 $2w_{12}+w_{23}+w_{34}+2w_{45}+2w_{56}+w_{67}+w_{78}+2w_{18}=51$。加重复边后得到欧拉图，如图 7-20 所示。

(2)改进邮递路线，使重复边的总长不断减少。

从图 7-20 中可以看出，在边(v_1，v_2)旁边有两条重复边，但是如果把它们都从图中去掉，所得到的连通图仍然无奇点，还是一个邮递路线，而总长度却有所减少。同理，在边(v_1，v_8)、(v_4，v_5)、(v_5，v_6)旁边的重复边也是一样的。一般地，在邮递路线上，如果在边(v_i，v_j)旁边有两条以上的重复边，从中去掉偶数条，那么可以得到一个总长度较少的邮递路线。

判定标准 1：在最优邮递路线上，图中的每一条边至多有一条重复边。

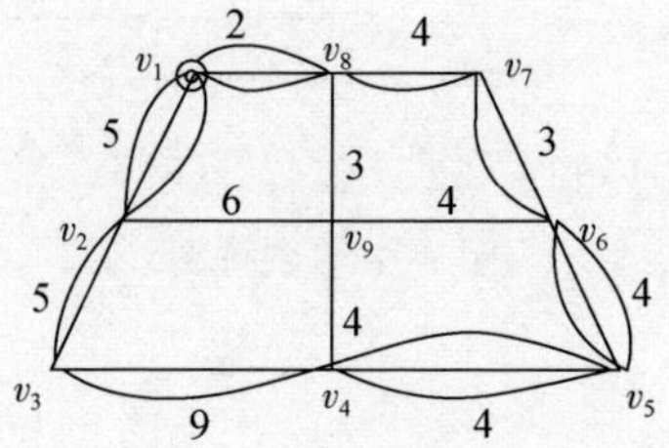

图 7-20　加重复边后的邮路图

按此判定标准，改进邮路图，这时重复边的总权减少为 21，如图 7-21 所示。

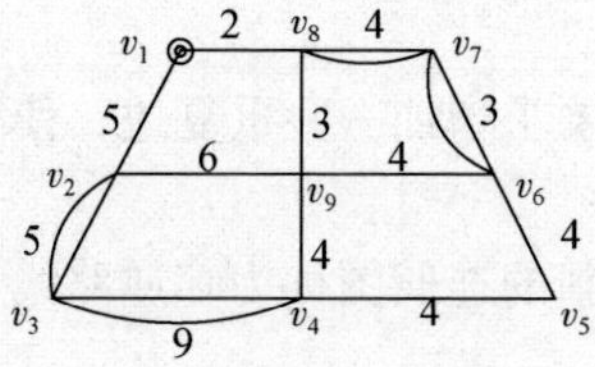

图 7-21　改进邮路图

如果把图中某个圈上的重复边去掉，而给原来没有重复边的边加上重复边，图中仍然没有奇点。因此，如果在某个圈上重复边的总权大于这个圈总权的一半，按照以上所说的做一次调整，将会得到一个总权减少的邮递路线。

判定标准 2：在最优邮递路线上，图中每一个圈的重复边的总权小于或者等于该圈总权的一半。

例如，在图 7-21 中，圈(v_2，v_3，v_4，v_9，v_2)的总权为 24，但圈上重复边的总权为 14，大于该圈总权的一半，因此做一次改进；在该圈上去掉重复边(v_2，v_3)和(v_3，v_4)，加上重复边(v_2，v_9)和(v_9，v_4)，如图 7-22 所示。这时重复边的总权减少为 10。

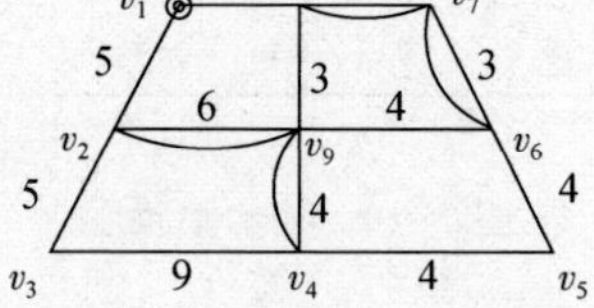

图 7-22　第二次改进的邮路图

图 7-22 中，圈(v_1，v_2，v_9，v_6，v_7，v_8，v_1)中重复边总权为 13，而该圈的总权为 24，不满足判定标准 2。再次经过改进后，得到图 7-23。此时，该圈中重复边的总权为 11，小于该圈的总权 24。

检查图 7-23 中的每一个圈，判定标准 1 和判定标准 2 均已满足。于是，图中的欧拉圈就是最优邮递路线。

本例说明，一个最优邮递路线一定满足判定标准 1 和判定标准 2。反之，不难证明，一个邮递路线如果满足判定标准 1 和判定标准 2，那么它一定是最优邮递路线。

小结：两个判定标准是最优邮递路线判定的充分必要条件。

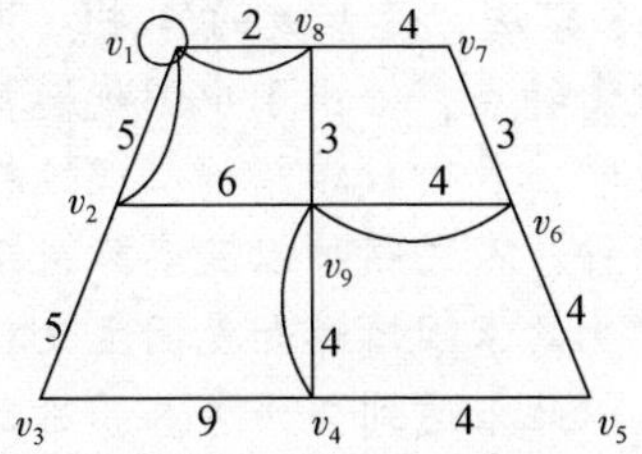

图 7-23　最终结果

值得注意的是，这个方法的主要困难在于检查判定标准 2。它要求对于图中的每一个圈都检查一遍。当一个连通图所包含的圈数比较多时，将会大大增加运算的工作量，比如，“田”字形的图就有 13 个圈。

目前中国邮递员问题已经有更好的算法，因文章篇幅所限，学习时大家可以自行扩展。

延伸阅读

中国国家铁路集团有限公司(简称国铁集团)2020 年 8 月 13 日发布《新时代交通强国铁路先行规划纲要》。纲要提出，到 2035 年，率先建成服务安全优质、保障坚强有力、实力国际领先的现代化铁路强国。全国铁路网达到 20 万 km 左右，其中高铁 7 万 km 左右。到 2050 年，全面建成更高水平的现代化铁路强国。20 万人口以上城市实现铁路覆盖，其中 50 万人口以上城市高铁通达。智能高铁率先建成，智慧铁路加快实现。全国 1 h、2 h、3 h 高铁出行圈和全国 1 天、2 天、3 天货物快流圈全面形成。“我们将以‘3 张网+现代枢纽体系’为重点，打造世界一流的铁路设施网络”，国铁集团发展和改革部副主任丁亮说。他表示，我国将从四方面率先建成现代化铁路网，包括构建现代高效的高速铁路网，形成覆盖广泛的普速铁路网，发展快捷融合的城际市域(郊)铁路网和构筑一体衔接的现代综合枢纽。“像高铁网，我们将实现省会城市和 50 万人口以上城市高铁通达，形成相邻区域 3 h高铁圈。普速铁路网方面，我们将建设川藏等进出藏、疆铁路，优化完善普铁主干线通道，建设以普铁干线为骨架、区域性普铁衔接集散的普铁网，连接 20 万人口以上城市、资源富集区、货物主要集散地、主要港口及口岸，基本覆盖县级以上行政区”，丁亮说。近年来，特别是党的十八大以来，我国铁路建设取得了长足发展。截至 2020 年 7 月底，我国铁路营业总里程达到 14. 14 万 km，规模居世界第二，其中高铁里程 3. 6 万 km，居世界第一。未来，人们的出行将更为便捷。国铁集团客运部客运营销处主管强丽霞表示，到 2035 年我国将形成全国 1 h、2 h、3 h 通达的高铁出行圈，包括主要城市市域(郊)1 h 通达；城市群内主要城市间 2 h 通达和相邻城市群及省会城市间 3 h 通达。

本章学习小结

通过本章学习，使同学学习掌握图的基本概念和基本定理，理解树、最小支撑树及欧拉图的概念，掌握最小支撑树、最短路径、最大流问题的算法，能够求解网络系统的最小费用最大流问题和中国邮递员问题。

本章在介绍图的基本定义的基础上，主要讲述了树的基本的相关概念和应用、最短路径问题及求解最短路径的Dijkstra算法、最大流的算法、网络系统的最小费用最大流问题求解方法，以及借助欧拉圈的概念特点，给出了中国邮递员问题的解法。

通过图论这一数学分支的教学，贯彻数学精神：理性精神、创新精神，不仅传授数学知识，还注重培养学生的科学精神、人文精神以及实际应用价值；传播数学文化：通过介绍中国古代数学成就，来培养学生的家国情怀和爱国主义精神；同时强调数学文化的重要性，包括理性精神和创新精神，以此来达到全面育人的目的。

思考题

1. 解释下列名词，并说明它们相互之间的区别与联系。

(1) 顶点、相邻、关联边。

(2) 环、多重边、简单图。

(3) 链、初等链。

(4) 圈、初等圈、简单圈。

(5) 回路、初等路。

(6) 节点的度、悬挂点、孤立点。

(7) 连通图、部分图、支撑子图。

(8) 有向图、基础图、赋权图。

(9) 子图、部分图、真子图。

(10) 欧拉链、欧拉圈、欧拉图。

2. 通常用记号 $G=(V, E)$ 表示一个图，解释 V 和 E 的含义及这个表达式的含义。

3. 通常用记号 $D=(V, A)$ 表示一个有向图，解释 V 和 A 的含义及这个表达式的含义。

4. 图论中的图与一般几何图形中的图的主要区别是什么？

5. 试述树与一般图的区别与联系。

6. 试述求最短路径问题的Dijkstra算法的基本思想及其计算步骤。

7. 试述最大流的概念和其求解问题的基本思想和方法。

8. 试述求最短路径问题的Dijkstra算法基本思想及其计算步骤。

9. 通常用记号 $D=(V, A, C)$ 表示一个网络，试解释这个表达式的含义。

10. 试述最小支撑树、最大流、最短路等问题能解决哪些实际问题。

课后练习题

1. 求下图中从 v_1 到 v_3 的最短路线。

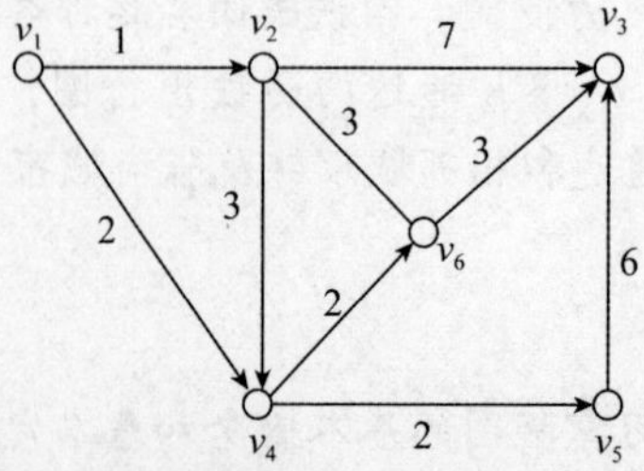

2. 电信公司要在15个城市之间铺设光缆，这些城市的位置及铺设相互之间光缆的费用如下图所示。试求出一个连接15个城市的铺设方案，使总费用最小。

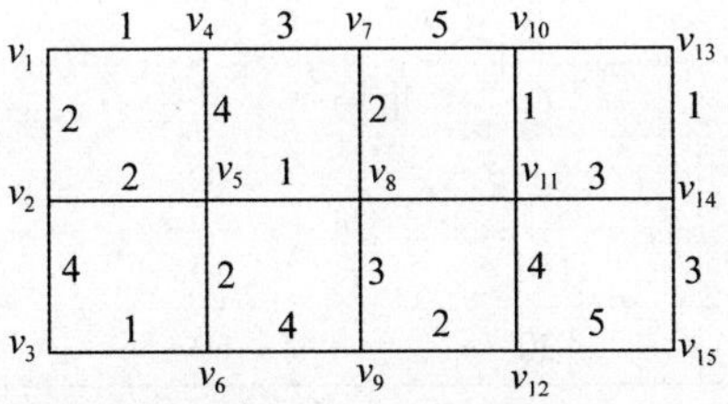

3. 求出从 v_s 到 v_t 的最大流，弧旁的数字是弧的容量。

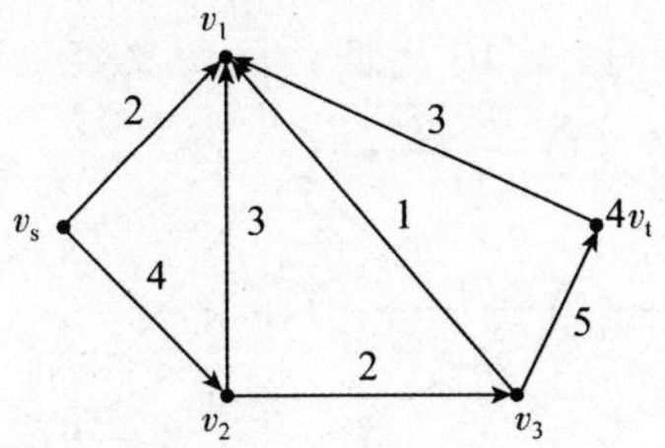

4. 已知 8 口海上油井相互间的距离如下表所示。已知 1 号井离海岸最近，为 5 海里①。从海岸经 1 号井铺设油管将各油井连接起来，问：应如何铺设使输油管长度为最短？(为便于计量和检修，油管只准在各井位处分叉)

各油井之间间距矩阵表　　单位：海里

项目	2	3	4	5	6	7	8
1	1.3	2.1	0.9	0.7	1.8	2.0	1.5
2		0.9	1.8	1.2	2.6	2.3	1.1
3			2.6	1.7	2.5	1.0	1.0
4				0.7	1.6	1.5	0.9
5					0.9	1.1	0.8
6						0.6	1.0
7							0.5

5. 某企业的一种设备有效寿命为一年，但若经一定的保养则还可以继续使用。已知在今后 5 年中，每年年初购买该设备的费用为第一、第二年年初需要 11 单位，第三、第 4 年年初需要 12 单位，第 5 年年初需要 13 单位。该设备一经使用后所需要的保养费与连续使用期的长短有关，在使用的第一年内，保养费为 5 个单位，在使用的第二年，保养费增加到 6 单位，使用的第三年则为 8 单位，第 4 年 11 单位，第 5 年增至 18 个单位。现在要决定在未来 5 年中的设备更新计划，试给出这个计划。

6. 要从 3 个仓库运送商品到 4 个市场去，仓库的供应量分别是 20 件、20 件和 100 件，市场的需求量分别是 20 件、20 件、60 件和 20 件。并非所有的仓库与市场之间都能直接运货，下表给出了各条线路的容量。问：利用现有的供应，能否满足市场的需要？

仓库	市场				供应量/件
	1	2	3	4	
1	30	10	0	40	20
2	0	0	10	50	20

① 1 海里 = 1852m。

续表

仓库	市场				供应量/件
	1	2	3	4	
3	20	10	40	5	100
需求量/件	20	20	60	20	

7. 尝试证明中国象棋的马从任意一点经过其他点回到初始点所走的步数必定为偶数（中国象棋马走日字格）。

8. 求下面网络图中结点1和结点10之间的最短路径。

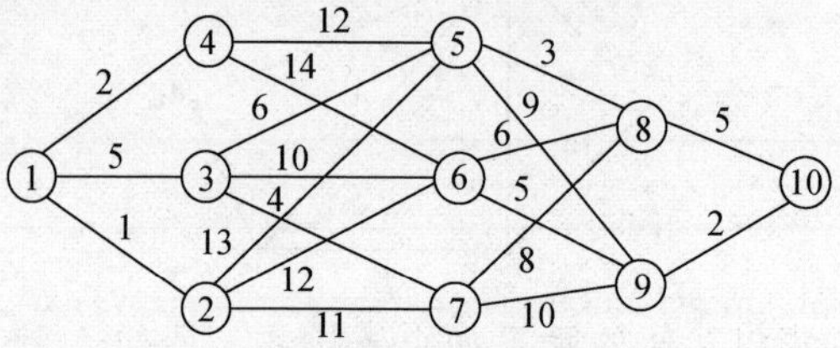

9. 路路达速递公司是一家总部设在上海的区域性快递公司，为上海与江、浙两省10座城市之间提供快速取、送物品业务，快递成本如下图所示。

(1) 求上海到其余10个城市的各最短路径的里程；

(2) 上海到城市7和城市9的最短路径是什么？

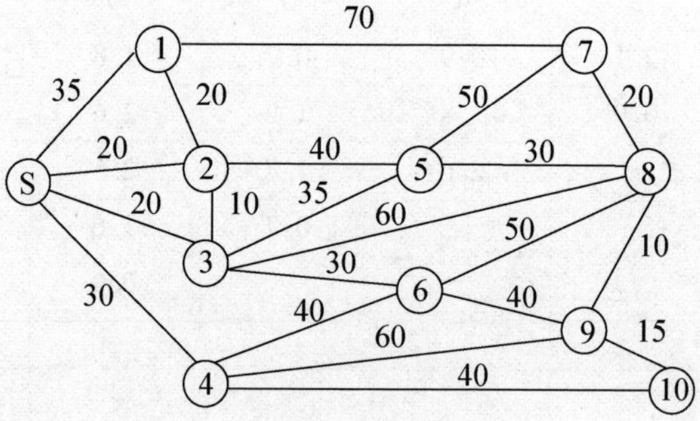

10. 求下面网络图的最小支撑总长度（单位：km）。

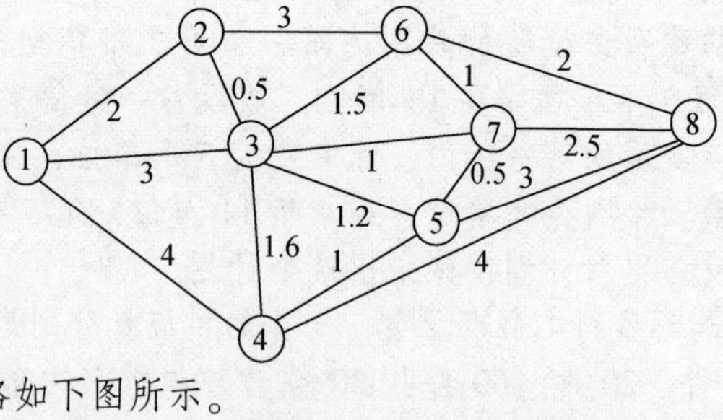

11. 化工厂管道网络如下图所示。

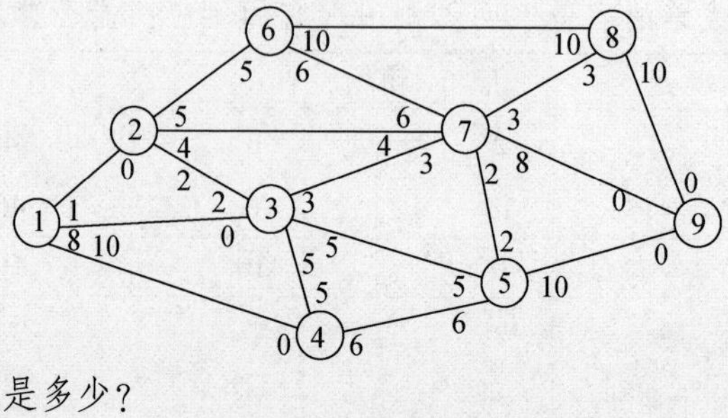

从1到9的最大流是多少？

第 8 章 决策分析介绍

知识目标

理解决策的基本概念和重要性；
掌握决策的分类；
掌握乐观准则、悲观准则、折中准则、等可能性准则、后悔值准则等基本的决策方法；
掌握期望值准则、决策树等方法；
了解效用的基本含义。

能力目标

知识获取能力：自主学习、独立思考、反复演练算法。
知识应用能力：能够应用所学知识解决不同类型决策的现实问题。
创新能力：能够应用所学知识设计研究其他的决策优化问题。

本章内容要点

确定型决策问题、不确定型决策问题、风险型决策问题、效用理论在决策中的应用。

核心概念

不确定型决策问题、乐观准则、悲观准则、折中准则、等可能性准则、后悔值准则、风险型决策问题、期望值准则、决策树、效用。

决策这个词并不陌生，它是在政治、经济、技术和日常生活中，为了达到预期的目的，从所有可以选择的多个方案中找出科学合理且最满意方案的一种活动。决策具有抉择、决定的意思。古今中外的许多政治家、军事家、外交家、企业家都曾做出过许许多多出色的决策，至今仍被人们称颂。

对于决策问题的重要性，著名的诺贝尔经济学奖获得者西蒙有一句名言："管理就是决策，管理的核心就是决策。"在企业的经营活动中，决策的正确与否会给国家、企业、个人带来利益或者损失，一招不慎，满盘皆输。经营管理者的决策失误会给企业带来重大的经济损失，甚至导致破产。在国际市场的竞争中，一个错误的决策可能会造成几亿元、十几亿元甚至更多的损失。

决策分析在经济与管理领域具有非常广泛的应用，在投资分析、产品开发、市场营销、项目可行性研究等方面的应用都取得过辉煌的成就。决策是一种选择行为的全部过程，其中最关键的部分是回答"是"与"否"。决策科学本身的内容也非常广泛，包括决策数量化方法、决策心理学、决策支持系统、决策自动化等。

为了达到某种目的，总要选择适当的方法，这就需要进行思考并做出决定。决策存在于一切实践活动中，是从事各项活动时通常使用的一种择优手段。科技的进步与生产规模的扩大，迫切要求决策向科学化方向发展。这种客观需求吸引了大批学者去探索决策科学活动的规律性，研究科学决策的理论与方法。理论应当服务于实践，因此有必要对决策的基本理论知识进行详细的阐述。

引导案例

日常工作生活中经常遇到下列情况：有 N 个可选择方案，在方案实施时会遇到 M 种不同的情况。决策者可以提前估计出不同方案在相应情况发生时的损益值(收益或者损失)。决策者在面临无法预先把握哪种情况会出现时，如何进行正确科学的决策呢？

云南康旅集团公司(简称康旅集团)下属某子公司有 100 万元闲置的资金，假设该子公司把闲置资金用于开发某个项目，估计成功率为 93%，成功时一年可获利 18 万元，但是一旦失败则有丧失全部资金的危险。如果把此资金存放在银行中，可稳定获得年利 3.8 万元。为获得更多投资的信息，该公司向一家咨询公司求助，咨询公司要求咨询费为 800 元，但咨询意见仅供参考。咨询公司对过去类似 500 例的咨询意见及实施结果统计如表 8-1 所示。

表 8-1　咨询公司对过去类似 500 例的咨询意见及实施结果

咨询意见	实施结果		合计
	投资成功	投资失败	
可以投资	420 次	26 次	446 次
不适合投资	32 次	22 次	54 次
合计	452 次	48 次	500 次

试分析：

(1)康旅集团子公司是否值得求助于咨询公司？

(2)该公司闲置多余资金该如何使用？

案例思考：

(1)分析上面案例的共同特点是什么，提炼问题的特征。

(2)针对日常工作的这类问题，应重点关心哪些事情？如何做出决策？若得到有关信息，可以进一步做些什么有益的工作？

第 1 节　决策的理论知识

一、决策发展的四个阶段

决策是人类的固有行为，我们每天都在不断地做出各种各样的决策，小到一日三餐的选择，大到关乎国家兴衰、人类存亡的政策制定。科学技术的不断进步也促使人类决策逐步向科学化方向发展。纵观人类决策的发展史，决策的发展大致可以分为 4 个阶段。在不同的发展阶段，人类决策的依据有所不同，但发展演变的总趋势不变。

第一个阶段：本能阶段。

在人类的发展初期，决策依据的是本能反应。例如，刚出生的孩子饿了会吮吸乳头、手指触摸到滚烫的东西会本能地缩回来等。这个阶段掌管本能的大脑组织控制着人类的决策。

第二个阶段：原始阶段。

人类通过不断学习，进入依据上天给定的结果来进行决策的原始阶段。在原始阶段，人们只是简单地依据自然给出的结果进行决策，实质上并没有发现自然界存在着客观规律。

第三个阶段：发展阶段。

人类与动物的区别在于人类会思考，即思考事情背后存在的规律。随着思考的不断深入，人类开始探索自然的决策规律。原始阶段和发展阶段的主要区别在于在发展阶段，人们依据自然规律来进行决策，实质上承认了自然规律的存在性与稳定性，尽管这种自然规律背后的科学原理未被揭示。

第四个阶段：科学决策阶段。

科学是推动人类前进的车轮。人类对世界不断的探索，了解了自然界的一个个规律背后的科学原理。例如，自然界中花朵的花瓣数量服从斐波那契数列，其背后隐藏的是显性基因和隐性基因的遗传规律。科技发展与知识爆炸引导人类进入科学决策阶段，人们开始利用科学手段向未来发起挑战，并逐步形成了决策科学的一套理论体系。科学决策主要分为两大类方法，即面向未来的科学决策方法与基于过去的科学决策方法。

二、决策、决策的过程、决策的基本要素和决策的分类

1. 决策与决策过程

在现代管理科学中，人们对决策有两种理解。从狭义上讲，决策是做出决定，仅限于人们从不同的行动方案中做出最佳选择；从广义上讲，决策是一种过程。人们为了实现某一特定目标，会根据一定的信息和经验，加上主观和客观条件，提出各种可行方案，采用一定的科学方法和手段，对可行方案进行比较、分析、评价，按照决策准则从中选择最理想的方案，并根据方案实施的反馈情况对方案进行修正与控制，直到决策的目标完成，整个系统过程称为决策。

我们认为决策是一个发现问题、提出问题、分析问题、解决问题的过程，整个过程可以归结为 5 个阶段，即提出决策问题阶段、确定决策目标阶段、拟定备选方案阶段、选择行动方案阶段以及决策实施和反馈阶段。

2. 决策的基本要素

(1) 决策者。决策者即决策主体，可以是个体，也可以是群体。决策者需要对决策结果负责并承担相应的风险，其决策受社会、经济、政治、文化和心理等诸多因素影响。

(2) 分析者。只提出分析并评价方案而不做出决断的人，如一些咨询机构。

(3) 决策目标。决策者必须有一个希望达到的明确的目标，也就是说，该决策的目的是什么。决策的目标可以是单一目标，也可以是多个目标。

(4) 决策方案。供决策者选择的所有决策方案的集合，就是决策者的行动空间。决策方案有明确的方案和不明确的方案之分。

(5) 自然状态。自然状态即决策者虽然无法控制但可以预见的客观存在的决策环境的各种状态。自然状态可能是确定的，也可能是不确定的。不确定的状态又可以分为离散和连续两种情况。

(6) 决策结果。决策结果即各种决策方案在不同的自然状态下所出现的结果。

(7) 决策准则。决策准则即决策者用来比较选择方案的衡量标准，是评价方案是否达到决策目标的价值标准。通常情况下，它的确定与决策者的价值取向和偏好有关。

(8) 信息。决策要想正确，必须尽力收集、分析、处理大量资料和信息。没有掌握完整、准确的信息，是不可能做出正确决策的。信息应该具有较高的准确性、完整性和及时性。

3. 决策的分类

人类活动的复杂多样以及决策的广泛应用，使决策种类繁多。为便于研究和掌握决策的规律，应当从不同的角度对决策进行分类。常见的决策分类主要有以下几种。

(1) 根据决策者的身份，可以分为个人决策和组织决策。

个人决策：决策者为了满足个人的目的和动机，而以个人身份做出的决策。

组织决策：为了实现组织的目标，由组织整体或者组织的某个部分做出的决策，做出对组织未来一定时期内活动的选择和调整。

(2) 根据决策的环境，可以分为确定性决策、风险性决策和不确定性决策。

确定性决策：决策环境是确定的，决策结果也是确定的。

风险性决策：决策环境不确定，但对于各种自然状态发生的概率，可以预先估计或者计算出来。

不确定性决策：决策环境不确定，对于各种自然状态发生的概率，决策者无法预先估计或者计算出来。

(3) 根据决策问题的层次，可以分为战略决策和战术决策。

战略决策：事关全局和重大事项的决策。

战术决策：基于基层的决策，它服务于战略决策，是针对一些局部问题的决策。

(4) 根据决策的方式，可以分为定性决策和定量决策。

定性决策：决策目标与决策方案不能用数量表示。

定量决策：决策目标与决策方案可以用数量描述与分析。

(5)根据决策的结构分类，可以分为程序性决策和非程序性决策。

程序性决策：一般是指有章可循、规格化、可以重复的决策。

非程序性决策：一般是指无章可循，凭借经验、直觉等做出的决策，往往是一次性的、战略性的决策。

(6)根据决策的动态性，可以分为静态决策和动态决策。

静态决策：解决的某个时间点或者某段时间的问题的决策，所要求的行动方案只有一个。

动态决策：又称序贯决策，是指一系列在时间上有先后顺序的决策。

(7)根据决策目标的数量，可以分为单目标决策和多目标决策。

单目标决策：决策目标只有一个的决策。

多目标决策：决策目标有多个的决策。

此外，根据决策的对象类别可以将决策分为政治决策、经济决策、军事决策等。

三、效用与效用函数

定量化方法给决策者提供了一定的便利性，比如，可以对自然状态发生的概率进行量化，也可以对决策后果价值进行量化。但是量化过程往往忽略了决策者的个人偏好和经验等主观因素的影响。在现实中，对于很多决策后果无法选取合适的直接测量标度。

1. 效用的概念

经济学中定义的效用是对商品能力的评价，衡量的是商品能多大程度地满足人的欲望。或者说，效用是指消费者在消费商品时所感受到的满足程度(主观心理感受)。某种商品是否有效用以及效用的大小不仅取决于该商品本身满足人们某种需要的客观物质属性，而且取决于消费者的主观心理感受和评价。

在决策理论中，决策者对后果的偏好次序可以用效用来描述。这时，效用是指对偏好的量化，是决策后果对决策者的使用价值所在。决策的特点之一是后果的价值判定。决策者通过效用对后果价值进行量化，反映出心中对各种后果的偏好次序，从而为做出理性决策提供指导。

2. 效用的特点

经济学中的效用具有两个典型的特点：一是主观性，消费者的偏好完全取决于消费者自己的需求与爱好；二是相对性，效用会因人、因时、因地而异。对于决策理论中的效用理论来说，其特点与其大同小异，也就是说，不同的决策者会根据自己的偏好，尤其是风险的偏好来决定自己的效用选择。

3. 效用的分类

对于单一属性或者单一目标的决策过程来说，效用相对简单，通常称为简单偏好的效用。针对消费者对商品的满足程度及效用大小的度量问题，西方经济学家提出了基数效用和序数效用的概念。基数效用是指效用函数既能反映决策者对决策结果的偏好次序，又能反映决策者的偏好强度的一种效用理论；序数效用是指效用函数只能反映决策者对决策结果的偏好次序，却不能比较其偏好程度的一种效用理论。

4. 效用函数

对于相同的商品或产品，不同的消费者有着不同的期望值。而对于不同的决策选择，在不同的环境和心态作用下，消费者也有着不同的决策选择。例如，在旅途中购买一瓶纯净水，究竟是在景区内高价购买，还是景区外低价购买呢？这两个购买选项对于不同人的影响不一样，效用自然也不一样。但这种描述并不能准确地量化。因此，为了反映决策者对风险的态度，引入了效用函数的概念。

效用函数 $U(x)$ 是一种相对度量尺度，取值范围一般为 0~1，即在 $[0, 1]$ 区间里，不过有些决策者也将效用值设定在其他区间。其中 x 是收益值，而效用函数 $U(x)$ 是 x 的增函数。

在决策理论中，效用既是概念，用于反映决策方案结果满足或者实现决策者愿望和倾向的程度，也是量值，可以用具体方法来测定，也可以作为决策分析的依据。

5. 风险与效用

风险是事件的不确定性，每个人对待风险的态度是不同的。但是，并非所有人都有递减的边际效应。有一些人是风险偏好者，他们具有递增的边际效用及他们的效用函数的斜率会随着货币值的增大而增大；有一些人是中间类型的决策者，他们的效用函数的斜率是常数，并不随着货币值的改变而改变，这类决策者对于风险的态度是中性的；还有一种是渴望型效用函数。决策者在货币值不大时具有一定的冒险倾向，一旦货币值增加到相当数量时，就开始采取稳妥策略。

第 2 节　确定型、不确定型和风险型决策问题

一、确定型决策问题

确定型决策：决策者掌握了准确、可靠、可衡量的信息，能够准确、确切地知道决策的目标和每个决策方案的结果。

确定型决策问题应该具备以下几个条件。

(1) 具有决策者希望的一个明确目标，收益最大或者损失最小。

(2) 只有一个确定的自然状态。

(3) 具有两个以上的决策方案。

(4) 不同决策方案在确定自然状态下的损益值可以推算出来。

确定型决策看似简单，但在实际工作中，可以选择的方案很多时往往十分复杂，如表 8-2 所示。

表 8-2　确定型决策表

决策方案	自然状态
	V_1
K_1	50*
K_2	10
K_3	-5

注：50* 表示最优方案。

二、不确定型决策问题

某公司需要对某新产品生产批量作出决策，各种批量在不同的自然状态下的收益情况

（收益矩阵）如表 8-3 所示。

表 8-3　不确定型决策表

决策方案	自然状态	
	N_1（需求量大）	N_2（需求量小）
S_1（大批量生产）	30	−6
S_2（中批量生产）	20	−2
S_3（小批量生产）	10	5

不确定型决策：决策者有明确期望达到的目标，存在两个以上可供选择的方案以及两种以上的自然状态，并且不同方案在不同自然状态下的损益值可知，但决策者无法确定未来各种自然状态发生的概率。

不确定型决策问题具有以下特征。

（1）具有决策者希望的一个明确目标。

（2）具有两个以上不以决策者的意志为转移的自然状态。

（3）具有两个以上的决策方案。

（4）不同决策方案在不同自然状态下的损益值可以推算出来。

对于不确定性决策问题，由于各种状态出现的概率未知且信息不完备，因此决策者唯一能确定的是不同方案在不同自然状态的损益值。因此，决策者选择最佳方案的时候，往往带有某种程度的主观随意性，即决策者的性格以及偏好的不同将对决策结果产生重大影响。也就是说，面对不确定性决策问题，不同的决策者往往会按照不同的决策准则行事，从而得到不同的决策结果。下面主要介绍 5 种常见的决策准则：乐观准则、悲观准则、后悔值准则、折中准则以及等可能性准则。

1. 乐观准则

乐观准则又称赫威兹准则、最大最大准则或大中取大准则。乐观准则的基本思想是决策者对事情持乐观态度，认定自己会获得比较幸运的结果，认为每个备选方案都会取得最佳结果。因此，决策者在决策中会充分考虑各方案的最大利益，在各个最大利益中选取最大者，其对应的方案为最优决策方案。以表 8-4 的乐观准则矩阵为例。

最大收益值的最大值为 $\max\limits_{k}\max\limits_{j}(k_{i,j})=\max(7,9,7,8,5)=9$，结果选择方案 K_2。

表 8-4　乐观准则矩阵

决策方案	自然状态				$\max(K_{i,j})$
	N_1	N_2	N_3	N_4	
K_1	4	5	6	7	7
K_2	2	4	6	9	9^*
K_3	5	7	3	5	7
K_4	3	5	6	8	8
K_5	3	5	5	5	5

注：9^* 为最大值，是最优决策方案。

2. 悲观准则

悲观准则又称瓦尔德准则、保守准则、最大最小准则或小中取大准则。与乐观准则刚好相反，悲观准则的基本思想是决策者对事情持悲观态度，总是往坏处想，认为形势不利且未来的状况肯定很糟糕。因此，要避免最坏的结果，力求风险最小，并且从每个方案的最坏结果中选择一个相对而言的最佳值，将其对应的方案作为最优方案。以表 8-5 的悲观准则矩阵为例。

最小收益值的最大值为 $\max\limits_{k}\min\limits_{j}(k_{i,j})=\max(4, 2, 3, 3, 3)=4$，结果选择方案 K_1。

表 8-5　悲观准则矩阵

决策方案	自然状态				$\max(K_{i,j})$
	N_1	N_2	N_3	N_4	
K_1	4	5	6	7	4^*
K_2	2	4	6	9	2
K_3	5	7	3	5	3
K_4	3	5	6	8	3
K_5	3	5	5	5	3
注：4^* 为最大值，是最优决策方案。					

3. 后悔值准则

后悔值准则又称萨维奇准则或遗憾准则。后悔值准则的基本思想是决策者在选择方案时，未必能够选中真正的最佳方案。因此，为了确保避免较大的机会损失，通常会先算出各个方案在不同状态下的后悔值，再分别找出各个方案的最大后悔值，最后在这个最大后悔值中找出最小者，则其对应的方案为最优方案。以表 8-6 和表 8-7 的后悔值准则矩阵为例。

表 8-6　后悔值准则矩阵 1

决策方案	自然状态			
	N_1	N_2	N_3	N_4
K_1	4	5	6	7
K_2	2	4	6	9
K_3	5	7	3	5
K_4	3	5	6	8
K_5	3	5	5	5

表 8-7　后悔值准则矩阵 2

决策方案	自然状态			
	N_1	N_2	N_3	N_4
K_1	1	2^*	0	2
K_2	3	3	0	0

续表

决策方案	自然状态			
	N_1	N_2	N_3	N_4
K_3	0	0	3	4
K_4	2^*	2	0	1
K_5	2	2	1	4
注：表中数值为不同自然状态下的后悔值，在每个决策方案中选择最大后悔值为(2，3，4，2，4)，并进行比较，选择最小的为 2^*，所以选择 K_1 或者 K_4 作为最优决策方案。				

计算后悔矩阵的方法如下。

在 N_1 状态下，理想值是 5，于是 K_1，K_2，…，K_5 的后悔值分别是 5-4=1，5-2=3，5-5=0，5-3=2，5-3=2。以此类推，可以得出 N_2，N_3，N_4 自然状态下的后悔值，如表 8-6 的下半部分所示。从后悔矩阵中把每一个决策方案 K_1，K_2，…，K_5 的最大后悔值求出来，再求出这些最大值中的最小值

$$\min(2,\ 3,\ 4,\ 2,\ 4)=2$$

因此，选择 K_1，K_4 或 K_5。

4. 折中准则

折中准则又称胡尔维茨乐观系数准则。这种准则的基本思想是决策者对于客观状态既不盲目乐观，也不过分悲观，而是根据自己的经验，对未来的估计确定一个乐观系数 α，乐观系数 α 的取值决定于决策者的乐观。决策人越乐观，乐观系数 α 越接近于 1；反之越悲观，乐观系数 α 越接近于 0。然后，决策者将计算各个方案的折中收益值 CV_i，并在折中收益值中选取最大值对应的方案为最优方案。

决策时，首先选定乐观系数 $\alpha \in [0,\ 1]$，用以下算式计算结果

$$CV_i = \alpha \max_j \alpha_{ij} + (1-\alpha) \min_j \alpha_{ij}$$

由公式可知，用每个决策方案在各个自然状态下的最大收益值乘 α，再加上最小收益值乘 $(1-\alpha)$，然后比较 CV_i，从中选择最大者。

表 8-8 的例子中令乐观系数 $\alpha=0.8$。

表 8-8　折中准则矩阵

决策方案	自然状态				CV_i
	N_1	N_2	N_3	N_4	
K_1	4	5	6	7	6.4
K_2	2	4	6	9	7.6^*
K_3	5	7	3	5	6.2
K_4	3	5	6	8	7
K_5	3	5	5	5	4.6
注：7.6^* 为最大值，K_2 为最优决策方案。					

其中

$$CV_1 = 0.8 \times 7 + 0.2 \times 4 = 6.4$$
$$CV_2 = 0.8 \times 9 + 0.2 \times 2 = 7.6$$
$$CV_3 = 0.8 \times 7 + 0.2 \times 3 = 6.2$$
$$CV_4 = 0.8 \times 8 + 0.2 \times 3 = 7$$
$$CV_5 = 0.8 \times 5 + 0.2 \times 3 = 4.6$$
$$\max_i CV_i = \max_i (6.4, 7.6, 6.2, 7, 4.6) = 7.6$$

结果选择方案 K_2。很明显，如果 α 取值不同，可以得到不同的结果。当情况比较乐观时，α 应取得大一些；反之，应取得小一些。

5. 等可能性准则

等可能性准则：又称拉普拉斯准则。等可能性准则的基本思想是既然无法确定未来各种自然状态出现的概率，就假定各个自然状态发生的可能性是相同的。因此，决策者只需比较各个方案的期望值 E 即可，最大期望值对应的方案即为最优方案。以表 8-9 的等可能性准则矩阵为例。

$$E(K_1) = (1/4) \times 4 + (1/4) \times 5 + (1/4) \times 6 + (1/4) \times 7 = 5.5$$
$$E(K_2) = (1/4) \times 2 + (1/4) \times 4 + (1/4) \times 6 + (1/4) \times 9 = 5.25$$
$$E(K_3) = (1/4) \times 5 + (1/4) \times 7 + (1/4) \times 3 + (1/4) \times 5 = 5$$
$$E(K_4) = (1/4) \times 3 + (1/4) \times 5 + (1/4) \times 6 + (1/4) \times 8 = 5.5$$
$$E(K_5) = (1/4) \times 3 + (1/4) \times 5 + (1/4) \times 5 + (1/4) \times 5 = 4.5$$

因为 $E(K_1) = E(K_4)$，所以比较 $D(K_1)$ 和 $D(K_4)$ 的大小：

$D(K_i)$ 是第 i 个方案的期望值与该方案所有自然状态下收益值 A_{ij} 中最小收益值的 $\min A_{ij}$ 的差。

$$D(K_1) = E(K_1) - \min_j A_{ij} = 5.5 - 4 = 1.5$$
$$D(K_4) = E(K_4) - \min_j A_{ij} = 5.5 - 3 = 2.5$$

因为 $D(K_1) < D(K_4)$，所以选择 K_1 方案。

表 8-9 等可能性准则矩阵

决策方案	自然状态				$E(K_i)$	$D(K_i)$
	N_1	N_2	N_3	N_4		
K_1	4	5	6	7	5.5	1.5
K_2	2	4	6	9	2	5.25
K_3	5	7	3	5	5	
K_4	3	5	6	8	5.5	2.5
K_5	3	5	5	5	4.5	

三、风险型决策问题

1. 期望值准则

期望值准则是风险型决策最重要的决策准则，它是根据各方案目标函数的期望值大小进行决策的方法。当目标函数的期望值表示收益或者效用时，期望值最大的方案是最优方案，当目标函数的期望值表示费用或者损失时，期望值最小的方案是最优方案。考虑离散型随机变量的数学期望，以表 8-10 的最大期望值准则矩阵为例。

期望收益值可通过下式来计算。

$$E(\xi) = \sum_{i=1}^{n} p_i x_i$$

表 8-10 最大期望值准则矩阵

决策方案	自然状态概率下的市场销路			$E(K_i)$
	1(好)	2(中)	3(差)	
	$P_1=0.3$	$P_2=0.5$	$P_3=0.2$	
K_1(大批生产)	20	12	8	13.6
K_2(中批生产)	16	16	10	14.8*
K_3(小批生产)	12	12	12	12

根据各自然状态发生的概率，求不同方案的期望值，取其中最大者为选择的方案，根据这个原则选 K_2。

风险型决策过程利用事件的概率和数学期望进行决策，这种决策准则要承担一定的风险。尽管如此，由于引用了概率统计的原理，事实上在多次进行这种决策的前提下，依据概率论原理，期望收益值是人们的实际获得，因此它是一种科学有效的常用决策标准。

2. 最大可能性准则

最大可能准则是从各种自然状态中选择一个概率最大的状态来进行决策。顾名思义，最大可能准则就是哪种状态发生的可能性最大，就认为事件会以此状态出现，这实际上是将风险型决策问题转化为确定型决策问题来处理。

【例 8-1】某工厂要制定下个年度产品的批量生产计划，根据市场调查和市场预测的结果，得到产品市场销路好、中、差三种自然状态的概率分别为 0.3，0.5，0.2，工厂采用大批、中批、小批生产后可能得到的收益值也可以计算出来，如表 8-11 所示。现在要求通过决策分析，合理地确定生产批量，使企业获得的收益最大。

表 8-11 市场情况及收益

决策方案	自然状态概率下的市场销路		
	1(好)	2(中)	3(差)
	$P_1=0.3$	$P_2=0.5$	$P_3=0.2$
K_1(大批生产)	20	12	8
K_2(中批生产)	16	16	10
K_3(小批生产)	12	12	12

解：从表 8-11 中可以看出，自然状态的概率 $P_2=0.5$ 最大，因此产品的市场销路 2(中)的可能性也就最大。于是就考虑按照这种市场销路决策，通过比较可知，企业采取中批生产收益最大，所以 K_2 是最优决策方案。

最大可能准则有着十分广泛的应用范围，特别是当自然状态中某个状态的概率非常突出，比其他状态的概率大许多或一次性决策的时候，这种准则的决策效果是比较理想的。否则，采用这种准则，效果往往不理想，甚至会产生严重失误。

风险型决策：决策是对未来的判断，未来的不确定性和随机性给各种可能的决策结果赋予了一定的概率。若决策者对可能出现的结果虽然不能给予充分的肯定，但是在观察决策对象的自然状态和客观条件后，能够大致估计出各种可能结果的客观概率值，那么在此情况下，依据客观概率值做出的决策称为风险型决策。

风险型决策问题的特征有以下 5 个。

(1)具有决策者希望的一个明确目标。

(2)具有两个以上不以决策者的意志为转移的自然状态。

(3)具有两个以上的决策方案可供决策者选择。

(4)不同决策方案在不同自然状态下的损益值可以计算出来。

(5)不同自然状态出现的概率(可能性)，决策者可以事先计算或者估计出来。

3. 贝叶斯决策理论

贝叶斯决策理论是处理模式分类问题的基本理论之一，对模式分析和分类器的设计能够起到指导作用。贝叶斯决策理论有两点要求：一是各个类别的总体概率分布(先验概率和条件概率密度)是已知的；二是要决策分类的类别数是一定的。贝叶斯决策有多种标准，对于同一个问题采用不同的标准，会得到不同意义下的“最优”决策。贝叶斯决策常用的决策有最小错误率准则、最小风险准则、Neyman-Pearson 准则和最小最大决策准则。

4. 决策树

对于某些决策问题，当进行决策后，会产生一些新的情况，并需要进行新的决策。接着又出现一些新的情况，又需要进行新的决策。这样进行决策、出现新情况、重新进行决策等一系列操作构成了一个序列，称为序列决策。

解决序列决策问题的一个最有力的工具就是决策树。决策树是风险型决策中最常用的一种方法，是表示组织和决策者所面临的各种确定与不确定性问题的一个系统化方法。它是对决策问题的一种图解。当决策问题涉及多个方案选择时，借助于由若干个节点和分支构成的树状图形，可以将各种选择方案、可能出现的状态、概率以及各个方案在不同状态下的结果简明地绘制在一张图上，使整个决策分析过程形象且直观。

决策树又称决策图，是以方框和圆圈及决策节点与直线连接而成的一种像树枝形状的结构图。一般选择最大收益期望值、最大效用期望值或最大效益值为决策准则。决策树可以分为单阶段决策树和多阶段决策树。

单阶段决策树对于决策问题只需进行一次决策活动，便可以选出最优方案。单阶段决策树一般只有一个决策节点。单阶段的决策树如果待决策的问题比较复杂，通过一次决策活动不能解决，要通过一系列相互关联的角色才能选出最理想的方案，则称为多阶段决策。多阶段决策的目标是使各阶段决策的整体效果达到最优。决策树具有以下 5 个特征。

(1)决策树的时间顺序由左到右，决策节点与事件节点的位置在逻辑上与现实中将发生的顺序一致，可以反映事件的逻辑相关性。

(2)从每个决策节点发出的分支表示在一定的环境下及一定的时间内，决策者可以考虑的所有可能的决定。

(3)从每个事件节点发出的分支表示来自事件节点的所有结果，它必须满足互斥和完备集合这两个条件。互斥是指同一个事件节点引出的分支结果相互排斥，不能同时发生；完备集合是指可能出现的结果集合，代表所有可能出现的事件结果。一个事件节点引出的分支结果必须属于完备集合。

(4)从每一个给定的事件节点发出的各个结果分支的概率之和应该为 1。

(5)决策树中的每个最后分支都有一个数值和它对应，该数值通常表示货币值，如薪水、收入、成本等的度量。

对于应用决策树来做决策的过程是从右向左逐步进行分析的，根据右端的收益损益值和概率分支的概率计算出期望值大小，以确定方案的期望结果，最后根据不同方案的期望结果做出选择。其中，把对某个方案的舍弃称为修枝，并在被舍弃的方案分支上画上“//”作为标记，表示修剪的意思，最后在决策节点留下的一支称为最优方案。具体计算过程如下。

(1)画决策树。

将对某个风险型决策问题的未来可能情况和可能结果所做的预测，用树形图的形式反映出来。画决策树的过程是从左向右的，是对未来可能情况进行周密思考和预测以及对决策问题逐步进行深入探讨的过程。

(2)预测事件发生的概率。

概率值的确定，可以凭借决策人员的估计或者历史统计资料的推断。估计或推断的准确性十分重要，如果误差较大，就会引起决策失误，从而蒙受损失。但是为了得到一个比较准确的概率数据，又可能会支出相应的人力和费用，所以对概率值的确定应根据实际情况来定。

(3)计算损益值。

在决策树中由末梢开始，按照从右向左顺序推算，根据损益值和相应的概率值算出每个决策方案的期望值。如果决策目标是收益最大，那么取期望值的最大值；反之，取最小值。

【例 8-2】某工厂产品成本偏高，在销售价格高时能盈利、中等时持平、低时亏损。现在研究是否用新的生产工艺来生产。新工艺的取得有两条途径：一是自行研制成功的概率是 0.6；二是购买专利技术，预计谈判成功的概率是 0.8。但是，不论研制还是谈判，如果成功，企业的生产规模有两种方案：产量不变和增加产量；如果失败，则按照原工艺进行生产，并保持产量不变。按照市场调查和预测的结果，预计今后几年内这种产品价格上涨的概率是 0.4，价格不变的概率是 0.5，价格下跌的概率是 0.1。通过计算得到各种价格下的收益值，如表 8-12 所示。要求通过决策分析，确定企业选择哪种决策方案最为有利。

表 8-12　收益情况表

自然状态	原工艺生产	购买专利成功(0.8)		自行研制成功(0.6)	
		产量不变	增加产量	产量不变	增加产量
价格下跌(0.1)	−100	−200	−300	−200	−300
价格不变(0.5)	0	50	50	0	−250
价格上涨(0.4)	100	150	250	200	600

解：画决策树如图 8-1 所示，计算各节点的收益期望值。

点 4　　0.1×(-100)+0.5×0+0.4×100=30

点 8　　0.1×(-200)+0.5×50+0.4×150=65

点 9　　0.1×(-300)+0.5×50+0.4×250=95

点 10　　0.1×(-200)+0.5×0+0.4×200=60

点 11　　0.1×(-300)+0.5×(-250)+0.4×600=135

点 7　　0.1×(-100)+0.5×0+0.4×100=30

因为65<95，所以节点 5 的产量不变是剪枝方案，将节点 9 移到节点 5。同理，节点 11 移到节点 6。确定决策方案。由于节点 2 的期望值比节点 3 大，因此最优决策应是购买专利。

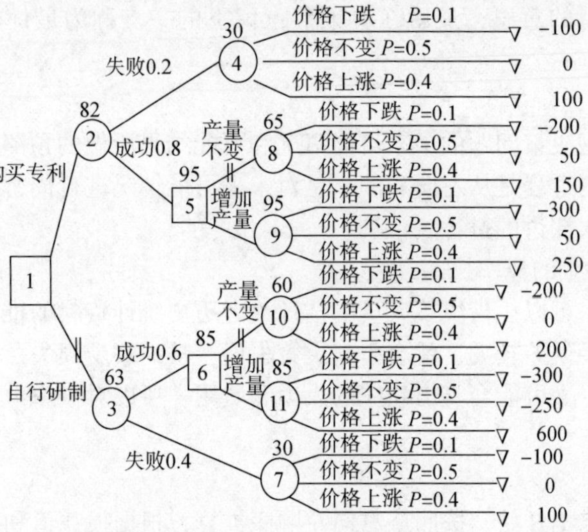

图 8-1　决策树

决策树不仅能表示出不同决策方案在不同自然状态下的结果，而且能显示决策的过程，内容形象，一目了然，是辅助决策者进行决策的有力工具。决策树的优点在于系统、连贯地考虑各方案之间的联系，整个决策过程更直观易懂、清晰明了。

第 3 节　效用理论在决策中的应用

一、效用与效用曲线

效用的概念最初是由伯努利(Bernoulli)提出来的。他认为，人们对金钱真实价值的关注与他钱财的拥有量之间呈现着对数关系。

经济学家用效用作为指标，来衡量人们对某些事物的主观意识、态度、偏爱和倾向等。

在风险情况下决策，人们对待风险主观态度是不同的。如果用效用这个指标来量化人们对待风险的态度，那么就可以给每一个决策者测定出他对待风险的态度的效用曲线。

效用值是一个相对指标。一般规定：把决策者最喜爱、最愿意的结果，效用值定为 1；

把最不喜爱、最不愿意的结果，效用值定为 0。当然可以采用其他数值范围，如 0～10、0～100 等。

通过效用指标可以将一些难以量化的、有本质差别的事物加以量化。例如，决策者在进行多方案选择时，需要考虑风险、利益、价值、性质、环境等多种因素。将这些因素都折合为效用值，求得各方案的综合效用值，从中选择最大效用值的方案，这就是最大效用值决策准则。

效用与效用曲线的例子如下。

在风险型决策条件下，如果只做一次决策，用最大期望值准则，有时就不一定合理了。如表 8-13 所示的决策方案，三个方案的期望值都相同，用最大期望值准则只实现少数几次时，就显得不恰当了。这时可以用最大效用值准则来解决。

表 8-13　决策方案

决策方案	概率				$E(K_i)$
	θ_1	θ_2	θ_3	θ_4	
	$P_1=0.35$	$P_2=0.35$	$P_3=0.15$	$P_4=0.15$	
K_1	418.3	418.3	-60	-60	275
K_2	650	-100	650	-100	275
K_3	483	211.3	480	-267	275

二、效用曲线的作法

通常的效用曲线采用心理测试法。

设决策者有两种可以选择的收入方案：

a：以 0.5 的概率可以得到 200 元，0.5 的概率损失 100 元；

b：以概率为 1.0（直接）得到 25 元。

现在规定 200 元的效用值为 1.0（这是他最希望得到的）。-100 元的效用值为 0.0（这是他最不希望付出的）。用提问的方式来测试决策者对不同方案的选择，测试过程如下。

第 1 次被测试者认为选择 b 方案可以稳获 25 元，比 a 方案稳妥。这就说明对他来说 25 元的效用值大于 a 方案的效用值。

第 2 次把 b 方案的 25 元降为 10 元，问他如何选择。他认为稳获 10 元还比 a 方案稳妥，这仍说明 10 元的效用值大于 a 方案的效用值。

第 3 次把 b 方案的 25 元降为-10 元，问他如何选择。此时他不愿意付出 10 元，而宁愿选择 a 方案，这就说明-10 元的效用值小于 a 方案的效用值。

效用曲线的作法如下。

（1）这样经过若干提问之后，被测试者认为当 b 方案的 25 元降到 0 元时，选择 a 方案和 b 方案均可。这说明对他来说 0 元的效用值与 a 方案的效用值是相同的，即

$$0.5\times1(\text{效用值})+0.5\times0(\text{效用值})=0.5(\text{效用值})$$

于是收益值 0 就对应于效用值 0.5，这样，就得到效用曲线上的一点。

（2）再次以 0.5 的概率得到收益 200 元，0.5 的概率得到 0 元作为 a 方案。重复类似的提问过程，假定经过若干次提问，最后判定 80 元的效用值与这个方案的效用值相等，80

元的效用值为

$$0.5\times1+0.5\times0.5=0.75$$

于是在 0~200 之间又得到一点。

(3)再求-100 元至 0 元之间的点，以 0.5 的概率得 0 元，0.5 的概率得-100 元作为 a 方案。经过几次提问，最后判定-60 元的效用与这个方案的效用值相等，-60 元的效用值为

$$0.5\times0.5+0.5\times0=0.25$$

于是又得到一点。

按照同样的提问方法，能够得到若干这样的点，把它们连起来，就成为效用曲线，如图 8-2 所示。从这条效用曲线上可以找出各收益值对应的效用值。

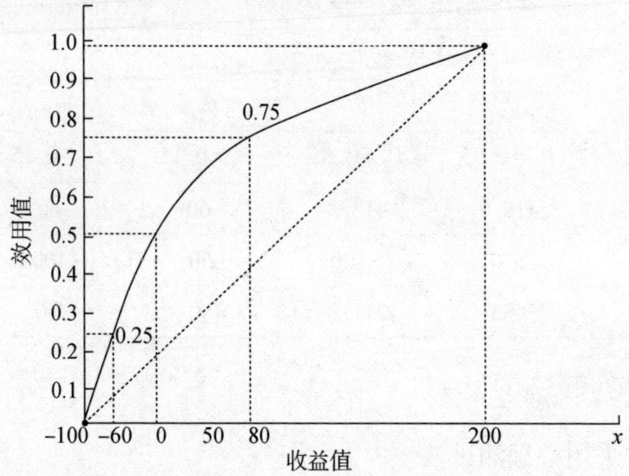

图 8-2　效用曲线

效用曲线一般分为保守型(甲)、中间型(丙)、冒险型(乙)三种类型，如图 8-3 所示。

曲线甲代表的是保守型决策者，特点是对肯定能够得到的某个收益值的效用大于具有风险的相同收益期望值的效用。这种类型的决策者对损失比较敏感，对利益反应迟缓，是一种避免风险、小心谨慎的风险厌恶型决策人。

曲线乙代表的决策者的特点恰恰相反。他们对利益比较敏感，对损失反应迟缓，是一种谋求大利、愿意承担风险的冒险型决策人。

曲线丙代表的是一种中间型决策人，他们认为收益值的增长与效用值的增长成正比关系，是一种完全按照期望值的大小来选择决策方案的人。

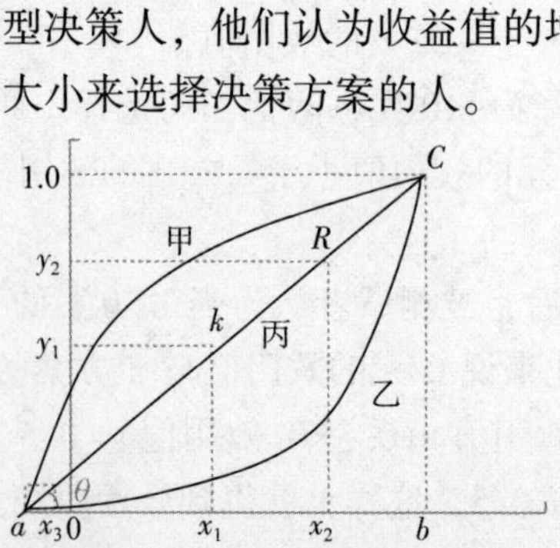

图 8-3　不同类型的效用曲线

通过大量的调查研究发现，大多数决策者属于风险厌恶型，属于另外两种类型的人只占少数。

三、效用值决策法

【例 8-3】某公司一项新产品的开发准备了两个建设方案，一个是建大厂，另一个是建小厂。建大厂预计投资为 300 万元，建小厂的预计投资为 160 万元，两个工厂的寿命周期都是 10 年。根据市场调查和经济预测的结果，这项产品市场销路好的概率是 0.7，销路差的概率是 0.3，两个方案的年收益值如表 8-14 所示，要求做出合理的投资决策。

表 8-14　决策表

单位：万元

方案	销路好 $P_1=0.7$	销路差 $P_2=0.3$
建大厂	100	-20
建小厂	40	10

解：画决策树如图 8-4 所示。由表 8-14 可知：

建大厂在 10 年寿命周期内产品销路好的条件下，其最大收益值为

$$100\times10-300=700(\text{万元})$$

销路差的条件下最大损失值为

$$-20\times10-300=-500(\text{万元})$$

建小厂在 10 年内产品销路好的条件下，最大收益值为

$$40\times10-160=240(\text{万元})$$

销路差的条件下最大损失值为

$$10\times10-160=-60(\text{万元})$$

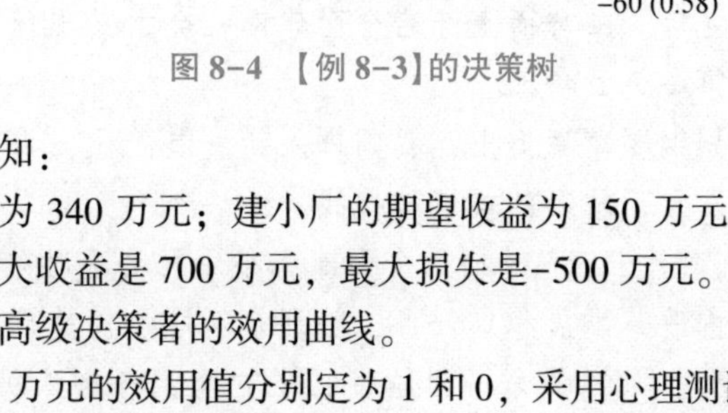

图 8-4　【例 8-3】的决策树

按照期望值准则可知：

建大厂的期望收益为 340 万元；建小厂的期望收益为 150 万元。显然，选建大厂为最优方案。这项决策的最大收益是 700 万元，最大损失是-500 万元。

下面作出这个公司高级决策者的效用曲线。

将 700 万元和-500 万元的效用值分别定为 1 和 0，采用心理测试法向被测试人提出一系列问题，同时求出对应于各个收益值的效用值，这样就作出被测试人的效用曲线，如图 8-5 所示。

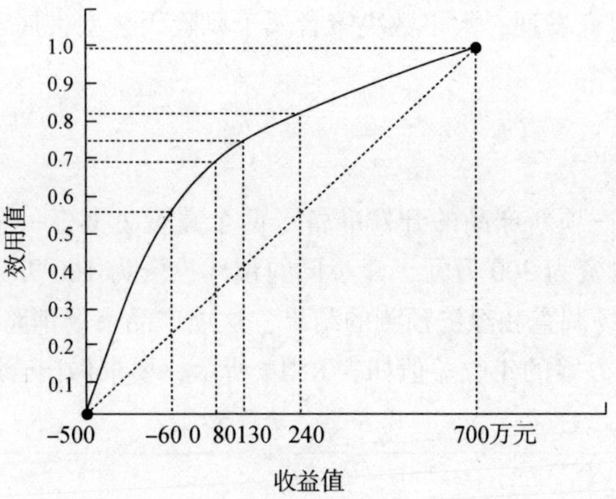

图 8-5 【例 8-3】的效用曲线

从曲线上，可以找出对应于各个收益的效用值，240 万元的效用值是 0.82，-60 万元的效用值是 0.58。

现在用最大效用值准则来进行决策。

建大厂效用值 0.7[0.7×1(效用值)+0.3×0(效用值)]

建小厂效用值 0.748[0.7 ×0.82+0.3× 0.58]

于是，如果用效用值作为标准，建小厂是最优方案。

两种结果不同的原因是这个高级决策人属于风险厌恶型的，他不敢冒太大的风险。从效用曲线上不难看出：

效用值 0.7 只相当于收益值 80 万元，小于原来的期望值 340 万元；

效用值 0.75 相当于收益值 130 万元，也小于原来的 150 万元。

一般情况下，若收益值能合理地反映决策者的看法和偏好，可以用收益值进行决策；否则，需进行效用分析。

延伸阅读

“十四五”规划和 2035 远景目标的发展环境、指导方针和主要目标

新华社北京 2021 年 3 月 5 日电，《中华人民共和国国民经济和社会发展第十四个五年规划和 2035 年远景目标纲要(草案)》提出，“十四五”时期是我国全面建成小康社会，实现第一个百年奋斗目标之后，乘势而上开启全面建设社会主义现代化国家新征程，向第二个百年奋斗目标进军的第一个五年。

关于发展环境，规划纲要草案提出，我国进入新发展阶段，发展基础更加坚实，发展条件深刻变化，进一步发展面临新的机遇和挑战。

规划纲要草案认为，“十三五”时期是全面建成小康社会决胜阶段。面对错综复杂的国际形势，艰巨繁重的国内改革发展稳定任务，特别是新冠疫情的严重冲击，以习近平同志为核心的党中央不忘初心、牢记使命，团结带领全党全国各族人民砥砺前行、开拓创新，奋发有为推进党和国家的各项事业。全面深化改革取得重大突破，全面依法治国取得重大进展，全面从严治党取得重大成果，国家治理体系和治理能力现代化加快推进，中国共产

党的领导和我国社会主义制度的优势进一步彰显。

“十三五”规划目标任务胜利完成，我国经济实力、科技实力、综合国力和人民生活水平跃上新的大台阶，全面建成小康社会取得伟大历史性成就，中华民族伟大复兴向前迈出了新的一大步，社会主义中国以更加雄伟的身姿屹立于世界东方。

我国发展环境面临深刻复杂变化。当前和今后一个时期，我国发展仍然处于重要的战略机遇期，但机遇和挑战都有新的发展变化。

本章学习小结

随着社会的不断发展，20 世纪中叶决策理论与方法开始逐渐发展成为经济学和管理科学的重要分支。本章从决策的基本概念、分类及决策的过程出发，确定了本章研究的重点：不确定型决策问题和风险型决策问题。

对于不确定型决策问题，根据问题的不同情况以及决策者不同的思想行为方式，在决策过程中可以采用不同的方法，这些方法之间没有优劣之分，决策者可以根据问题的实际情况来选择。

风险型决策问题是在决策理论与方法领域中研究的较多的问题，这类问题在实践中应用比较广泛。所谓风险型决策，是指决策者对决策事件将要出现的状态能够获得一定程度的确定性(状态出现的概率)。这类决策活动中概率值起到了至关重要的作用，不同状态出现的概率不同，将会影响决策结果。

最后本章介绍了效用理论，以及效用理论在决策中的应用。

本章通过决策理论的学习和实践，引导培养学生的科学思维和政治敏锐性，同时提升他们的决策能力和职业素养。传授决策理论知识，帮助学生熟悉管理决策的环境分析技术，掌握集体决策的理论与方法。同时，注重学生综合能力的培养，包括熟练运用环境分析技术评价典型企业决策面临的现实问题，并提出创造性的解决方案。关注学生的知识和技能提升，用课堂讨论和小组报告等形式培养学生的沟通能力、表达能力和团队合作能力。教师作为榜样，通过自己的言行践行社会主义核心价值观，成为学生的表率，以身作则，言传身教。运用环境分析技术评价国际局势和国内外经济政策等环境因素，提升学生的辩证思维和科学决策的职业素养。通过决策理论的学习和实践，培养学生的科学思维、决策能力以及职业素养，同时强化他们的政治敏锐性和社会责任感，使他们成为既有专业知识技能又具备高尚品德的复合型人才。

思考题

1. 简述决策的分类及决策的程序。
2. 试述决策的要素有哪些。
3. 简述确定型决策、风险型决策和不确定型决策之间的区别。
4. 试述不确定型决策在决策中常用的 5 种准则，即最大最大准则、最大最小准则、折中主义准则、等可能性准则及后悔值准则。
5. 试述效用的概念及其在决策中的意义和作用。

课后练习题

1. 某厂生产甲、乙两种产品，根据下表中对以往市场需求的统计，用乐观准则、悲观准则、后悔值准则、等可能性准则进行决策。

方案	自然状态	
	旺季 $P_1=0.8$	淡季 $P_2=0.2$
甲产品	5	3
乙产品	8	2

2. 某项工程明天开工，在天气好时可收益 8 万元，在天气不好时会损失 10 万元，但是明天如果不开工，则会损失 1 万元，如果明天降水的概率为 40%，试问：是否应开工？

3. 某公司研究了两种扩大生产增加利润的方案：一是购置新机器，二是更新改造旧机器。已知公司产品市场销售较好、一般和较差的概率是 0.5、0.3、0.2，对应于这三种情况，购置新机器分别可以获利 30 万元、20 万元、8 万元。改造旧机器分别可以获利 25 万元、21 万元、16 万元，要求用决策树方法进行决策。

附录　运筹学思政元素融入教学主题参考表

序号	教学主题	重要人物	关键事件	人文精神	行业时事	专业认同	大德	公德	私德	马克思主义方法论	中国梦
		提升人格修养，树立远大理想，培养科学精神	以古鉴今，熟悉行业	提升文化素质，塑造精神品格，促进自我发展	社会责任，行业规范	扎实学识，专业认同，追踪前沿	家国情怀，政治认同，法律规范，奉献精神	传统文化，社会责任，行业规范	职业操守，仁爱之心，诚信友善	辩证思维，系统观点	专业使命，社会责任
1	运筹学发展史	●	●	●						●	●
2	运筹模型				●	●		●		●	
3	运筹学中国发展过程	●	●			●		●		●	●
4	古代运筹学思想实例	●	●			●	●	●		●	
5	运筹学学科知识					●				●	
6	运筹学未来发展趋势					●				●	
7	线性规划模型					●				●	
8	图解法		●		●					●	
9	单纯形法		●		●					●	
10	大 M 法、两阶段法									●	

续表

序号	教学主题	重要人物	关键事件	人文精神	行业时事	专业认同	大德	公德	私德	马克思主义方法论	中国梦
		提升人格修养，树立远大理想，培养科学精神	以古鉴今，熟悉行业	提升文化素质，塑造精神品格，促进自我发展	社会责任，行业规范	扎实学识，专业认同，追踪前沿	家国情怀，政治认同，法律规范，奉献精神	传统文化，社会责任，行业规范	职业操守，仁爱之心，诚信友善	辩证思维，系统观点	专业使命，社会责任
11	对偶理论									●	
12	对偶性质		●							●	
13	影子价格									●	
14	对偶单纯形法									●	
15	运输模型		●			●	●	●		●	
16	中国运输强国发展规划	●			●	●	●			●	●
17	表上作业法									●	
18	运输实例介绍		●	●		●	●			●	●
19	整数规划模型		●			●		●		●	
20	分支定界法、匈牙利法									●	
21	对策论模型						●			●	
22	对策论发展应用实例	●	●	●	●	●	●			●	●
23	矩阵对策求解方法									●	
24	最短路、最大流、最小费用最大流						●			●	
25	中国邮递员问题		●							●	

续表

序号	教学主题	重要人物	关键事件	人文精神	行业时事	专业认同	大德	公德	私德	马克思主义方法论	中国梦
		提升人格修养，树立远大理想，培养科学精神	以古鉴今，熟悉行业	提升文化素质，塑造精神品格，促进自我发展	社会责任，行业规范	扎实学识，专业认同，追踪前沿	家国情怀，政治认同，法律规范，奉献精神	传统文化，社会责任，行业规范	职业操守，仁爱之心，诚信友善	辩证思维，系统观点	专业使命，社会责任
26	决策实例介绍	●	●	●	●	●	●	●		●	●
27	确定型、不确定型、风险型决策方法									●	
28	效用理论									●	

参考文献

[1]HILLIER F S, LIEBERMAN G J. Introduction to Operations Research[M]. 北京：清华大学出版社，2006.
[2]戴维·R. 安德森，丹尼斯·J. 斯维尼，托马斯·A. 威廉斯. 数据、模型与决策[M]. 于森，译. 北京：机械工业出版社，2003.
[3]弗雷德里克·S. 希尔利，马克·S. 希尔利，杰拉尔德·J. 利伯曼. 数据、模型与决策[M]. 任健标，译. 北京：中国财政经济出版社，2001.
[4]弗雷德里克·S. 希尔利，马克·S. 希尔利，杰拉尔德. J. 利伯曼. 运筹学导论(第8版)[M]. 胡运权，译. 北京：清华大学出版社，2007.
[5]运筹学教材编写组. 运筹学[M]. 4版. 北京：清华大学出版社，2016.
[6]胡运权. 运筹学教程[M]. 北京：高等教育出版社，2005.
[7]胡运权. 运筹学基础及应用[M]. 哈尔滨：哈尔滨工业大学出版社，1998.
[8]朱求长，朱希川. 运筹学学习指导与题解[M]. 武汉：武汉大学出版社，2008.
[9]刘春梅. 管理运筹学基础、技术及Excel建模实践[M]. 北京：清华大学出版社，2010.
[10]韩伯棠. 管理运筹学[M]. 5版. 北京：高等教育出版社，2020.
[11]运筹学教材编写组. 运筹学[M]. 5版. 北京：清华大学出版社，2021.
[12]杨云，李建波. 简明运筹学[M]. 上海：上海财经大学出版社，2017.
[13]吴祈宗. 运筹学[M]. 北京：机械工业出版社，2023.
[14]吴祈宗. 运筹学学习指导与习题集[M]. 3版. 北京：机械工业出版社，2022.
[15]肖波勇. 运筹学原理工具及应用[M]. 北京：机械工业出版社，2021.
[16]梁樑，杨锋，苟清龙. 数据、模型与决策[M]. 2版. 北京：机械工业出版社，2022.